●李卫兵◎著

中国环境政策效应的测度

中国财经出版传媒集团
中国财政经济出版社

图书在版编目（CIP）数据

中国环境政策效应的测度／李卫兵著. —北京：中国财政经济出版社，2019.6

ISBN 978-7-5095-9024-9

Ⅰ.①中… Ⅱ.①李… Ⅲ.①环境政策-研究-中国 Ⅳ.①X-012

中国版本图书馆 CIP 数据核字（2019）第 101830 号

责任编辑：潘　飞　　　　　责任印制：张　健
封面设计：秦聪聪　　　　　责任校对：李　丽

中国财政经济出版社 出版

URL: http://www.cfeph.cn

E-mail: cfeph@cfemg.cn

（版权所有　翻印必究）

社址：北京市海淀区阜成路甲 28 号　邮政编码：100142

营销中心电话：010-88191537

北京财经印刷厂印装　各地新华书店经销

880×1230 毫米　32 开　7 印张　170 000 字

2019 年 7 月第 1 版　2019 年 7 月北京第 1 次印刷

定价：42.00 元

ISBN 978-7-5095-9024-9

（图书出现印装问题，本社负责调换）

本社质量投诉电话：010-88190744

打击盗版举报热线：010-88191661　QQ：2242791300

目录

第一章 中国环境政策的历史沿革及现状 …………… 1

第一节 中国环境政策的历史沿革 ………………………… 1

第二节 中国的主要环境政策 ……………………………… 24

第二章 排污收费制能促进绿色发展吗？ …………… 39

第一节 引言 ………………………………………………… 39

第二节 政策背景与理论机制 ……………………………… 45

第三节 方法与数据 ………………………………………… 48

第四节 实证结果与稳健性检验 …………………………… 58

第五节 机制检验 …………………………………………… 70

第六节 小结 ………………………………………………… 72

第三章 排污权交易制度与污染物排放强度 ………… 75

第一节 引言与文献综述 …………………………………… 75

第二节 理论机制 …………………………………………… 81

第三节 方法与数据 ·············· 83
第四节 实证结果 ················ 91
第五节 稳健性检验 ············· 100
第六节 机制检验 ··············· 108
第七节 小结 ···················· 110

第四章 "两型社会"综合配套改革试验区的经济效应 ········ 112

第一节 引言 ···················· 112
第二节 政策背景及理论机制 ··· 115
第三节 研究方法 ··············· 118
第四节 数据、指标与实证结果 ··· 121
第五节 稳健性检验 ············· 132
第六节 小结 ···················· 139
附录 ··························· 140

第五章 "两控区"政策与绿色全要素生产率 ········ 145

第一节 引言 ···················· 145
第二节 政策背景及理论机制 ··· 148
第三节 方法与数据 ············· 152
第四节 实证分析 ··············· 157
第五节 机制解释 ··············· 168
第六节 小结 ···················· 170

第六章 中国环境政策存在的问题与政策建议 ……… 172

第一节 排污权交易制度存在的问题及政策建议 ……… 173

第二节 "两型社会"试验区政策的问题与对策 ……… 185

第三节 "两控区"政策存在的问题与对策 ……… 191

参考文献 …………………………………………… 198

第一章
中国环境政策的历史沿革及现状

第一节 中国环境政策的历史沿革

中国现行的环境政策体系是从中华人民共和国成立初期逐渐建立起来的，其发展历程大致可以分为六个阶段。

一、中国环境政策的前期准备阶段（1953—1972年）

中华人民共和国成立初期，新中国实施重工业优先发展的战略，片面强调工业总产值和工业产出数量的增长，却忽视经济质量的提高，从而形成粗放型的经济发展方式，但这一阶段由于经济总量比较小，能源消耗也较小。整体而言，此阶段主要呈现局部生态环境恶化现象，尚未出现大规模的"环境问题"。

1956年，卫生部、国家建委联合颁布的《工业企业设计暂行卫生标准》对环境保护方面提出了一些要求。例如，在工业建设中，要求将污染型企业兴建在离中心城区较远的工业区，中心城区和工业区之间要形成林木隔离带，对集中建设的156项大中型项目要积极采取消烟除尘和污水处理的防治措施。到了"大跃进"时期，中国的重工业优先发展战略在全国全面展开，导致高污染的"五小"企业大规模发展，工业废水、废气、废渣污染严重，原有的并不完善的环保规章制度形同虚设。"文化大革命"期间，政府继续发展"五小"企业，同时提出"变消费城市为生产城市"的口号，导致许多城市开始大规模建设或发展污染型工业企业，从而加重了环境污染对城市的损害，环境问题开始慢慢凸显。在这一阶段中，虽然污染防治措施在产业布局的过程中初步得以实施，但政府并没有制定系统的环境政策，仅在某些法规中提出了与环境保护相关的职责和内容。

二、中国环境政策的逐步开创阶段（1973—1978年）

由于缺乏系统的环境保护政策，中华人民共和国成立初期实施近20年的重工业优先发展战略使中国的生态环境逐渐恶化，各地的环境问题大量出现，例如，1972年的北京鱼污染、大连湾污染、松花江水系污染等，因此，实施环境保护政策势在必行。

1972年，中国参加了联合国在斯德哥尔摩召开的第一次人类环境会议，随后，于1973年召开第一次全国环境保护会议，审议并通过了中国第一个具有法规性质的环境保护文件即《关于保护和改善环境的若干规定》。因此，1972年的第一次人类环境会议被认为有力地推动了中国环境政策的建立。

在这一阶段，环境政策主要涉及环境保护手段和环境保护在国民经济发展中的地位两方面。前者集中表现为以行政命令的形式提出环境保护措施，例如，具有明显的命令控制型特征的"三同时"制度、限期治理制度以及群众运动，这是由当时的计划经济体制所决定的。在计划经济体制下，国家以计划命令的形式调控企业行为，企业的劳动力、资金供给、原材料、产品销售和利润分配均被纳入国家计划，由国家统筹安排。而后者主要体现了人民群众对环境保护的重视程度，以及对环境保护和国民经济发展之间关系的认识，这也会直接影响环境保护的绩效。

1."三同时"制度

1972年，国务院批准的《国家计委、国家建委关于官厅水库污染情况和解决意见的报告》第一次提出"三同时"制度，即工厂建设和"三废"利用要同时设计、同时施工和同时投产。1973年，国务院在《关于保护和改善环境的若干规定》中进一步指出，所有新建、扩建和改建的企业防治污染项目，必须和主体工程同时设计和同时施工，做好竣工验收，严格把关。由于"三同时"制度将此前的环保意识理念转换成为具体的环保规范制度，因而，成为中国最早的环境管理制度。遗憾的是，由于中国的环境保护事业尚处于初步建立阶段，人们的环境保护意识不强，再加上法律法规的不健全，导致当时"三同时"制度的执行力度有限。

当然，"三同时"制度对多数企业是有约束作用的，但对某些"后台"强硬的企业以及"什么都不怕"的乡镇企业的控制作用较弱（张坤民等，2007），因此国家又陆续出台了环境污染申报及许可制度、限期治理制度和"环保风暴"等规定。

2. 限期治理制度

1973年，国家计划委员会在《关于全国环境保护会议情况的报告》中提出，对污染严重的城镇、工矿企业、江河湖泊和海湾，要一个一个地提出具体措施，限期治理好。由此，限期治理制度也成为中国工业环境保护的微观手段。1978年，国家计划委员会、国家经济委员会和国务院环境保护领导小组共同制定并下达了中国第一批限期治理严重污染环境的重点工矿企业名单。

3. 群众运动的兴起

群众运动也是一种具有中国特色的环境保护手段，虽然国家并没有明确提出将群众运动作为一种环境保护手段，但却提出了"打一场综合利用工业废渣的人民战争""发动群众，组织社会主义大协作，开展综合利用""开展消烟除尘的群众运动"等口号，这是为尽快实现赶超目标，重工业优先发展的战略在环保领域的思维延伸，体现了中国开展环境保护工作初期的特色。

4. 国家对环境保护的重视程度不断提高

随着环境问题的大量出现，国家对环境保护也越来越重视，主要体现在：（1）要求各地区和各部门设立环境保护机构，赋予其检查和监督的职权。（2）积极编制环境保护规划。例如，1975年，国务院环境保护领导小组印发《关于环境保护的10年规划意见》，1976年，国家计委和国务院环境保护领导小组联合下发《关于编制环境保护长远规划的通知》。（3）初步形成某些保护环境的法律、法规，如《关于进一步开展烟囱除尘工作的意见》《工业"三废"排放试行标准》《中华人民共和国防止沿海水域污染暂行规定》和《生活饮用水卫生标准（试行）》等，这些法律、法规共同构成了中国环保基本法的雏形。

5. 在诸多法规、文件中体现环境保护的内容

在这一阶段，我国颁布的许多法规、文件均体现了环境保护的思想。例如，1973年，第一次全国环境保护会议上通过了《关于保护和改善环境的若干规定》，正式确定中国环境保护工作的"全面规划、合理布局、综合利用、化害为利、依靠群众、大家动手、保护环境、造福人民"的基本方针。1978年，第五届全国人民代表大会第一次会议通过了《中华人民共和国宪法》，首次在宪法中明确规定，要保护环境和自然资源以及防止污染和其他公害等，这为环境保护的法制化建设奠定了基础。1978年，国务院环境保护领导小组出台了《环境保护工作汇报要点》，明确提出"必须把控制污染源的工作作为环境管理的重要内容，向排污单位实行排放污染物的收费制度，由环境保护部门会同有关部门制定具体收费办法"。

三、中国环境政策的起步发展阶段（1979—1991年）

1979年以前，尽管政府在一些文件中明确提出将环境保护纳入国民经济发展计划，但却很少付诸实践，环境保护工作受到的重视程度仍然十分有限。其主要原因在于，此前国家一直致力于发展重工业，在居民的基本物质生活需求没有得到充分满足的情况下，环境保护的投资力度严重不足，虽然国家财政设立了污染治理资金，对重点污染源进行治理，取得了一些成绩，但同环境保护的投资需求相距甚远。1978年，中共十一届三中全会将党和国家的工作重点转移到社会主义现代化建设上，逐步以市场化为导向进行经济改革，重工业优先发展的战略逐渐被现代化战略取代。这一阶段改变了此前主要依赖行政手段保护环境的局面，转向用法律手段和经济手段进行环境保护。

1. 八大法律制度

（1）排污收费制。排污收费制集中体现了"谁污染谁治理"的环保基本原则，最早在1978年的《环境保护工作汇报要点》中被提到。1979年，国家在《中华人民共和国环境保护法（试行）》中正式规定，超过国家规定的标准排放污染物，要按照排放污染物的数量和浓度，收取排污费，遵循排污即收费原则、强制征收原则、属地征收原则、征收程序法定化原则、征收时限固定原则、政务公开原则、上级强制补缴追征原则、特殊情况下行减免缓的原则、"收支两条线"的原则以及专款专用原则。随后，1982年，国务院颁布实施《征收排污费暂行办法》，排污收费制被正式确立。排污收费制有利于筹集环保资金，以经济效益激发环保意识，它与环境影响报告书制度和"三同时"管理制度被誉为中国环境管理的"三大法宝"。

（2）项目环境影响评价制度。1979年，国务院环保领导小组发布了《关于全国环境保护工作会议情况的报告》，规定"要从资源开发利用、厂址选择、工艺路线和产品品种的选择、环境质量影响评价等基本建设前期工作抓起，防止产生新的污染源"。随后，《中华人民共和国环境保护法（试行）》从法律形式上强调了项目环境影响评价制度的重要地位，并对环境影响评价做了进一步系统的规定。该制度能有效控制建设工程项目对环境造成危害，可以使新建工程项目的污染防治工作由事后治理转变为事前防止。

（3）污染集中控制制度。该制度要求在一定区域内，建立集中的污染处理设施，对多个项目的污染源进行集中控制和处理。

（4）排污许可证制度。20世纪80年代中后期，中国开始在水污染领域试行排污许可证制度，以实现环境污染的总量控制。1985年，上海市政府开始试行对占黄浦江上游水源保护区排污总量95%以上的198个单位颁发排污许可证。1987年，国家环境保护局在徐州、常州等城市试行排污许可证制度。1988年，上海、北京、天津等18个城市被确定为排污许可证试点城市。1989年，国务院环境保护委员会提出在全国逐步推行排污许可证制度，随后，又发布《中华人民共和国水污染防治法实施细则》，规定对向水体排放污染物的企事业单位核发排污许可证，这标志着排污许可证制度作为一项全国性的环境保护制度正式被确立。该制度在实行排放浓度控制的基础上对一些重点污染源实施定量控制，能从总体上有效控制污染。

（5）"三同时"制度。1979年，国家通过立法的形式确定了"三同时"制度，但直到1981年《基本建设项目环境保护管理办法》正式出台后，"三同时"制度才被具体化，其作用得以充分发挥。该制度规定："一切新建、扩建和改建工程项目的防治污染设施必须与主体工程同时设计、同时施工和同时投产。"

（6）企业环境目标责任制。1986年，国务院发布《关于加强工业企业管理若干问题的决定》，把提高产品质量、降低物质消耗和增加经济效益作为考核工业企业管理水平的主要指标，但并没有明确规定环境保护指标，而是实行环境质量行政领导责任制。从1992年开始，国务院不再推行企业升级考核评比制度，因此，企业升级的环境保护考核也被取消，企业环境目标责任制最终消失。

（7）限期治理污染源制度。1979年颁布的《中华人民共和国环境保护法（试行）》从法律上确立了限期治理制度，该项制度要求对特定区域内的重点环境问题限定治理时间。1989年第三次全国环境保护会议做出继续推行《中华人民共和国环境保护法（试行）》的决定，会后拟定了140个第二批限期治理项目，各省市也下达了新的限期治理项目。随后，又在《中华人民共和国环境保护法》中对其进一步确认。

（8）城市环境综合整治定量考核制度。1985年，国务院在全国城市环境保护工作会议上审议通过了《关于加强城市环境综合整治的决定》，要求把城市环境作为一个系统的整体，以城市生态学为指导，发挥城市综合功能和整体最佳效益，用综合的对策整治、调控、保护和塑造城市环境，使城市生态系统实现良性循环。

2. 相应的法律法规

1979年《中华人民共和国环境保护法（试行）》的颁布，标志着中国工业环境的保护工作开始被纳入法制体系，为一系列环境保护手段的实施提供了法律依据，也为各级环保机构开展工作提供了法律保障。1982年,第五届全国人大第五次会议通过的《中华人民共和国宪法》对保护环境做出一系列重要规定,环境保护被再次写入新修的宪法,有力地推动了中国环境保护的立法工作。1989年颁布施行的《中华人民共和国环境保护法》对此前颁布的试行环保法作出了重大修改,标志着中国环境法制建设的重大进展,表明中国环境保护法律手段得到了进一步的完善。

这一阶段环境保护的立法工作发展迅速,颁布了一系列有关环境和资源保护的单行法和行政法规,初步形成中国环境保护法规体系。其中,单行法包括1982年通过的《海洋环境保护法》、1984年通过的《水污染防治法》、1987年通过的《大气污染防治法》等。行政法规种类较多,大致可分为两类:一类是为执行某些环境保护单行法而制定的实施细则或辅助条例,如1983年制定的《中华人民共和国海洋石油勘探开发环境保护管理条例》、1989年制定的《水污染防治法实施细则》、1990年制定的《防治海岸工程建设项目污染损害海洋环境管理条例》和1991年制定的《大气污染防治法实施细则》等。另一类是就环境保护工作中缺少相应单行法的某些重要领域进行补充的重要规定、条例或办法,如1982年制定的《征收排污费暂行办法》、1983年制定的《结合技术改造防治工业污染的几项规定》、1985年发布的《风景名胜区管理暂行条例》、1986年制定的《对外经济开放地区环境管理暂行规定》和1989年制定的《环境噪声污染防治条例》等。

3. 环境保护被写入政府工作报告

1983年,第二次全国环境保护会议在总结我国环保事业发展经验教训的基础之上，强调了环境保护作为基本国策的重要意义，并制定了中国环境保护的总方针、总政策，即"经济建设、城乡建设、环境建设，同步规划、同步实施、同步发展，实现经济效益、社会效益和环境效益相统一"。会议推出了以合理开发利用自然资源为核心的生态保护策略，防治对土地、森林、草原、水、海洋以及生物资源等自然资源的破坏，保护生态平衡。1989 年，第三次全国环境保护会议通过了《1989—1992 年环境保护目标和任务》和《全国 2000 年环境保护规划纲要》两份重要文件，形成了三大环境政策，即环境管理要坚持预防为主、谁污染谁治理和强化环境管理。

自 1983 年开始，环境保护作为一项重要内容被写入历年的政府工作报告，指明了环境保护的目标、任务和基本要求。

四、中国环境政策的高速发展阶段（1992—2003 年）

20 世纪 90 年代初，中国的环境污染越来越严重，环境恶化造成了巨大的经济损失。1992 年，为了参加联合国环境与发展大会，中国政府编写了《中华人民共和国环境与发展报告》和《关于出席联合国环境与发展大会的情况及有关对策的报告》，明确提出实施持续发展战略。1996 年，《中华人民共和国国民经济和社会发展"九五"计划和 2010 年远景目标纲要》明确做出"今后在经济、社会发展中实施可持续发展战略"的重大决策，提出将可持续发展战略作为重要的指导方针和战略目标，自此，可持续发展战略基本形成。2003 年，中共十六届三中全会通过了《中共中央关于完善社会主义市场经济体制若干问题的决定》，提出坚持以人为本、全面协调可持续的科学发展观。至此，可持续发展战略正式成为我国的主导发展战略，中国环境保护政策的演变进入逐步完善阶段。这一阶段主要强调采用经济手段保护环境，法律手段继续得以深化和完善，而行政手段退居次要地位。

1. 环境保护思想被纳入中央座谈会议议题

1992年，党的十四大报告中提出，把加强环境保护作为中国的基本国策，要增强全民族的环境意识，合理利用和保护土地、森林、矿藏、水资源，努力改善生态环境。1996年，第四次全国环境保护会议首次提出"环境安全"概念，2001年和2002年的中央人口资源工作座谈会进一步强调，要确保国家环境安全和建立环境安全防范体系，要建立全污染物排放总量控制、生物安全、化学物质污染防治、自然遗产保护等方面的法律制度，依法查处违法排放污染物、转移污染、走私废物、破坏生态等行为，确保国家环境安全。1997年，党的十五大报告继续强调环境保护这一基本国策，指出要正确处理经济发展与人口、资源和环境的关系，必须要把节约放在首位，提高资源的利用效率，统筹规划国土资源的开发和整治，严格执行各类资源（土地、森林、水、海洋、矿产等）的管理和保护的法律，加强对环境污染的治理，改善生态环境，同时强调美化生活环境，明确提出实施可持续发展战略。1999年的中央人口资源环境工作座谈会指出，必须从战略的高度深刻认识、处理好经济建设同人口、资源与环境关系的重要性。2002年，党的十六大报告要求，必须把可持续发展放在突出地位，坚持保护环境和保护资源的基本国策，强调合理开发和节约使用各种自然资源，积极解决部分地区的水资源短缺问题，兴建南水北调工程，实施海洋开发，搞好国土资源的综合整治，树立全民环保意识，并搞好生态保护和建设。

2. 经济手段和环境制度

1994年，《中国21世纪议程——中国21世纪人口、环境与发展白皮书》提出，要在建立社会主义市场经济体制过程中，充分运用经济手段保护资源和环境，实现资源可持续利用。随后，全国环境保护工作会议通过了《全国环境保护工作纲要（1993—1998）》，要求运用经济手段保护环境，拓宽环境保护的资金渠道。1998年，国家环保总局印发《全国环境保护工作（1998—2002）纲要》，提出1998—2002年全国环境保护工作的首要目标是建立和完善适应社会主义市场经济体制的环境政策、法律、标准和管理制度体系。

为了通过经济手段促进资源与环境保护，中国相继颁布了一系列财税政策、投资政策和产业政策，使节约和综合利用资源的企业从中受益。例如，1996年《国务院关于环境保护若干问题的决定》明确提出要大力发展环保产业，并指出要给予环保产业减免税收的政策优惠。2002年制定的《国家产业技术政策》根据当时经济持续发展的具体需要制定了相应的产业技术政策，以推动产业结构优化升级为宗旨，促进高新技术产业的良好发展，无限接近或赶超国际水平，并在新能源、新材料以及能源和环保等领域提出明确的规定。2003年开始实施的《中华人民共和国政府采购法》规定，政府采购应当有助于实现国家的经济、社会发展的政策目标，包括保护环境、扶持不发达地区和少数民族地区等。

这一阶段还将此前确定的环境制度进行延续、推广和深化，具体体现在以下几个方面。

（1）环境标志制度。1994年，全国环境保护工作会议通过了《全国环境保护工作纲要（1993—1998）》，要求建立和推行环境标志制度。环境标志制度是环境标准化工作的一个新领域，包含环境标准的制定、组织实施和监督的标准化全过程。其目的是依赖市场机制，通过引导消费者行为促使企业自觉地开展环境保护。随后，中国环境标志产品认证委员会正式成立，环境标志工作开始进入正式实施阶段，开始推行国际标准化组织（ISO）在1993年制定的ISO14000环境管理系列标准。1996年，国家环保局实施ISO14000系列标准的辅助机构——国家环保局环境管理体系审核中心成立。

（2）排污收费制度。在很长一段时间内，中国的中央财政和地方财政中均没有设立专门的环境污染控制资金科目。为了体现"污染者付费"原则，中国开始引进西方国家的排污收费制度。起初所收取的排污收费资金中，80%的款项返回给原缴纳排污费的企业，随后作为治理污染投资的一部分，将其改为污染治理专用资金，企业可以借贷，根据自身治理污染的成效酌情减免偿还，而剩余的20%款项按规定适用于地方环保机构的能力建设。

1992年，经国务院批准的《征收二氧化硫排污费试点方案》在贵州、广东两省及重庆、宜宾等9个城市开展排污费征收试点工作，规定每公斤二氧化硫排放量的收费一般不超过0.20元的标准。1998年，国家环境保护总局、国家发展计划委员会、财政部和国家经贸委联合印发《关于在酸雨控制区和二氧化硫污染控制区开展征收二氧化硫排污费扩大试点的通知》，要求扩大二氧化硫排污费的试点面，并调整排污费的征收标准。

1996年，第四次全国环境保护会议发布了《国务院关于环境保护若干问题的决定》，要求按照排污费高于污染治理成本的原则，提高现行的排污费征收标准。由于该制度存在违法成本低和守法成本高的缺陷，有些污染企业宁可缴纳排污费也不愿进行污染治理，导致排污收费制度难以达到预期目的。

2003年，国务院发布了《排污费征收使用管理条例》及其配套办法，该条例取代了《排污费征收暂行办法》，规定以总量控制为原则，以环境标准为法律界限，构筑一个全新的排污收费框架体系。该体系由超标收费转变为排污即收费，由单因子收费转变为多因子收费，由单一浓度收费转变为浓度与总量相结合收费，由低收费标准转变为高于治理成本的收费。

（3）水污染物排放许可证制度。1992年，全国除西藏、青海等少数省份（或自治区）以及台湾省外，均开展了水污染物排放许可证的发放工作，全面推行排污许可证制度。

（4）排污权交易制度。1992年，国家环保局选择了太原、贵阳、柳州、平顶山、包头、开远等6个城市进行大气排污交易政策的试点工作。1994年，全国环境保护工作会议通过的《全国环境保护工作纲要（1993—1998）》要求继续试行排污权交易政策。2001年，国家环保局与美国环保协会签订《推动中国二氧化碳排放总量控制及排放权交易政策实施的研究》的合作项目，随后正式开展了"4+3+1"项目。2001年，南通天生港发电有限公司与南京醋酸纤维有限公司于江苏省南通市实现了中国的首例排污权交易，在2001—2007年间交易二氧化硫排污权达1800吨。

（5）环境影响评价制度。这一阶段，国家环保局对建设项目的环境影响评价制度进行了改革，不再执行企业环境目标责任制，而是对开发建设项目进行分类管理。此外，还引入了竞争机制，试行环境影响评价工作招标制以及环境影响"后评估"工作，建立责任约束机制。此外，为推动区域环境影响评价工作，还特地颁布了《开发区区域环境影响评价管理办法》。

3. 法律规定

1994年发布的《全国环境保护工作纲要（1993—1998）》要求加快环境保护立法工作，加大环境保护执法力度，建立与社会主义市场经济体制相适应的环境法体系。在1996年发布的《国务院关于环境保护若干问题的决定》和《国家环境保护"九五"计划和2010年远景目标》的指导下，"两控区"（酸雨控制区和二氧化硫污染控制区）政策划分了阶段性的控制目标：到2010年，"两控区"内二氧化硫排放量控制在2000年的排放水平之内；"两控区"内所有城市的空气中二氧化硫浓度都达到国家的环境质量标准；酸雨控制区的降水pH值小于等于4.5的地区明显减少。1998年，国务院又在《国民经济和社会发展"十五"计划纲要》中指出，到2005年，"两控区"内的二氧化硫排放量要比2000年减少20%。2002年，国务院在《国务院关于"两控区"酸雨和二氧化硫污染防治"十五"计划的批复》中要求继续加大"两控区"的酸雨和二氧化硫污染防治力度，落实相关污染防治政策、措施与项目,切实改善酸雨控制区和二氧化硫控制区的环境质量。

这一阶段还修改了《中华人民共和国大气污染防治法》《中华人民共和国水污染防治法》和《中华人民共和国海洋环境保护法》三部法律,新制定了《中华人民共和国固体废物污染环境防治法》《噪声污染环境防治法》和《中华人民共和国清洁生产促进法》等5部法律,还制定或修改了《水污染防治法实施细则》《建设项目环境保护管理条例》《中华人民共和国化学物质污染环境防治条例》和《化学品首次进口及有毒化学品进出口环境管理规定》等20多部环境法规,修改后的《刑法》还增加了"破坏环境资源保护罪""环境保护监督渎职罪"等犯罪种类及相关处罚规定。

4. 行政手段

1996年,第四次全国环境保护会议上发布的《国务院关于环境保护若干问题的决定》提出,在1996年9月30日以前取缔规模小、工艺落后的"十五小"企业,从本质上来说,这是一种采用行政命令方式关停污染企业的环境保护手段。1998年,为了进一步取缔和关停"十五小"企业,国家环保总局下发《关于1998年取缔关闭和停产15种污染严重小企业工作意见的通知》,要求一般地区取缔、关停率须达到100%。随后,国家环保总局印发《全国环境保护工作纲要(1998—2002)》,进一步提出结合产业结构调整和关闭污染严重企业的管理政策。

5. 其他环境保护措施

这一阶段，国家有关部门陆续出台了多项与环境有关的环境技术政策，如《节能技术大纲》等。1992年，国家环保局与国家教委联合召开了第一次全国环境教育工作会议，进一步加强了环境保护教育工作，明确提出"环境保护，教育为本"的口号。1996年，《"九五"期间全国主要污染物排放总量控制计划》提出，对12项主要污染物的排放实行总量控制。中国自1996年开始实施《跨世纪绿色工程规划》，其规定以"三河"、"三湖"、"两区"（二氧化硫污染控制区和酸雨控制区）、"一市"（北京）、"一海"（渤海）和三峡库区及其上游、南水北调工程等地区作为环境保护重点地区，通过总量控制政策、排污收费政策、"以气代煤、以电代煤"的能源政策等综合性措施完成环境治理工作，以实现企业达标排放和加快城市环境基础设施建设。

五、中国环境政策的发展完善阶段（2004—2011年）

这一阶段涵盖了"十五"和"十一五"两个时期。进入"十五"时期以来，中国环境保护相关产业快速发展，为治理环境污染、改善生态环境提供了有力的物质保障和技术支持。"十一五"时期是中国全面建设小康社会的关键时期，党中央把环境保护摆在了更加突出的位置，并持续扩大污染治理和生态环境建设的投资规模。因此，在各项制度和规定的指导下，环境经济政策成为主要的环境保护手段。

1. 法律手段和行政手段

（1）强化各级行政机关和相关企业的环境责任。2004年，国家环保总局与国家统计局联合启动了绿色GDP的研究工作，并在全国10个试点省（或）市进行绿色国民经济核算与环境污染损失调查。2005年，国家环保总局叫停了30个违法建设项目，掀起首轮"环保风暴"。2005—2006年，查处了22个违反"三同时"制度的建设项目。2007年，又通报了82个违反环境影响评价和"三同时"制度的违规建设项目，并启动"区域限批"措施。

（2）制定和全面实施环境规划。2005年，国家环保总局对圆明园环境整治工程举行了《环境影响评价法》实施后的首次听证会。随后，国务院发布了《放射性同位素与射线装置安全和防护条例》，要求加强对放射性同位素、射线装置安全和防护的监督管理，促进放射性同位素、射线装置的安全应用，以保障人体健康，保护环境。2006年，国家环保总局颁布了中国环保领域第一部公众参与的规范性文件《环境影响评价公众参与暂行办法》。

（3）设置区域性环境监察机构。2006年，国家环保总局组建了11个地方派出执法监督机构，"国家监察、地方检察、单位负责"的环境监察体制进入实施阶段。在2008年的机构改革中，国家环保总局升级为环境保护部，成为国务院组成部门。

（4）"两型社会"建设。2005年，中共第十六届中央委员会第五次全体会议提出建设资源节约型和环境友好型社会（即"两型社会"），其核心思想是实现可持续发展。2007年，中共第十七次全国代表大会指出，必须把建设资源节约型和环境友好型社会放在工业化与现代化发展战略的突出位置。随后，国家发展改革委正式批准武汉城市圈和长株潭城市群为全国"两型社会"综合配套改革试验区，目的是建立以节能降耗和保护环境为核心要素的改革试验区，以实现经济的发展不以牺牲环境为代价，而是建立在优化结构、提高效益、降低消耗和保护环境的基础之上。

（5）"两控区"政策的继续深化。2006年，国家环保总局出台了《二氧化硫总量分配指导意见》，以确保按时完成"十一五"时期的二氧化硫削减目标。2008年，国家环保总局和国家发展改革委联合发布了《国家酸雨和二氧化硫污染防治"十一五"规划》，要求各地要严格控制新建项目的二氧化硫排放增量，对没有总量指标或违反国家产业政策的建设项目不得审批，同时要强化"三同时"管理，严肃查处污染治理设施不能同步投运的违规建设项目，继续实施现有二氧化硫排放源污染治理工程，加强对火电、建材、冶金和化工等重点行业的二氧化硫排放控制，加大产业结构的调整力度，严格按照国家关于淘汰落后产能的政策要求，优化产业结构。

2. 经济手段

（1）出台产业政策。2005年，国家发展改革委等七个部门联合发文，要求控制部分高耗能、高污染和资源性产品的出口，停止部分高耗能产品的出口退税，同时，国家将资源节约、循环经济和环境保护等列为国债投资的重点对象之一，支持节能、节水、资源综合利用和循环经济试点项目。2006年，国家发展改革委密集出台了多项规范和限制高能耗、高污染行业发展的政策，加强对钢铁和水泥等行业的投资和贷款的控制，促进产业结构调整和优化升级。

（2）大力发展循环经济。2003年，国家环保总局要求建立循环型企业，开展物质循环利用、能流的梯级利用和废弃物资源化，形成废物和副产品的循环利用生态产业链，同时，规范中央补助地方清洁生产专项资金的使用管理，采取拨款补助办法，支持石化、建材、冶金和化工等重点行业的中小企业实施清洁生产。

（3）改革政府采购政策和环境税费制度。2004年，财政部与国家发展改革委发布的《节能产品政府采购实施意见》是中国第一项政府采购促进节能与环保的具体政策，从2005年1月1日起正式实施。除此之外，有些地方政府还制定了一系列环保采购标准，例如，青岛市财政局和环保局于2005年发布了第一批绿色采购环保产品政府采购清单，从有关职能部门认定的环保产品中确定了该市第一批政府绿色采购环保产品清单。2004年，财政部和国家税务总局发布了《关于停止焦炭和炼焦煤出口退税的紧急通知》，成为改变出口退税政策的节点。

（4）继续深化排污权交易制度。2007年11月10日，中国第一个排污权交易中心在浙江嘉兴挂牌成立，标志着中国的排污权交易逐步走向制度化、规范化和国际化。

六、中国环境政策的全面发展阶段（2012年至今）

2012年，党的十八大报告肯定了十七大以来的生态文明建设成果和资源节约与环境保护全面推进所取得的突出工作效果，同时，也认识到生态环境方面仍然存在许多问题，并且特地把生态文明作为一个独立部分，将生态文明建设纳入中国特色社会主义建设"五位一体"的总体布局，即融入经济建设、政治建设、文化建设和生态文明建设的各个方面。

1. 法律法规

党的十八大之后，针对日益严重的大气、水和土壤污染等环境问题，政府相继出台并修订了一系列环境保护领域的规范性文件和配套办法以及实施细则。例如，2014年十二届全国人大常委会第八次会议修订了《中华人民共和国环境护保法》，这是中国环保领域的基本法自1979年试行以来的首次修订。2015年，《关于加快推进生态文明建设的意见》首次提出了"绿色化"的概念，并将其与新型工业化、城镇化、信息化和农业现代化并列，赋予了生态文明建设新内涵。随后，中央政府修订了《中华人民共和国大气污染防治法》，坚决从源头进行治理，控制大气污染的总排放量，明确分配总量指标，对超总量和未完成达标任务的地区实行区域限批。2015年8月，中共中央、国务院印发的《党政领导干部生态环境损害责任追究办法（试行）》是一项与生态文明建设专项配套的政策文件，作为中国首次针对党政领导干部开展生态环境损害追责的制度性规定，它标志着中国的生态文明建设正式进入实质问责阶段。2015年9月，中共中央、国务院在《生态文明体制改革总体方案》中通过了56条细则，明确了8个方面制度建设的具体改革内容以及2020年的建设目标，为之后的生态文明建设工作指出了明确方向。

此外，为了将新修正的《环境保护法》赋予环保部门的监督权力落到实处，环境保护部于2014年还推出了4个配套办法，即《环境保护主管部门实施按日连续处罚办法》《环境保护主管部门实施查封、扣押办法》《企业事业单位环境信息公开办法》和《环境保护主管部门实施限制生产、停产整治办法》。

2. 经济手段

党的十八大之后，中国环境政策的目标从过去的总量控制与减排，转变为改善环境质量。为了落实绿色发展理念，各部门出台了200多部环境经济政策，旨在完善绿色税费政策，引导生产和消费行为，主要包括绿色税费、绿色价格、环境财政、环境信用、绿色信贷和排污权交易等。

（1）绿色税费。2014年颁布的《关于加快新能源汽车推广应用的指导意见》提出对绿色环保产品的税收减免优惠政策，例如，免征新能源汽车车辆的购置税等，以鼓励企业对资源进行有效利用，生产环保产品。2015年出台的《挥发性有机物排污收费试点办法》和《污水处理费征收使用管理办法》通过提高企业生产、消费者购买重污染产品的成本，引导企业少生产、消费者少购买高污染产品。2018年公布的《中华人民共和国环境保护税法实施条例》和《中华人民共和国环境保护税法》同步施行，同时废止了《排污费征收使用管理条例》。

（2）绿色价格。2014年发布的《燃煤发电机组环保电价及环保设施运行监管办法》以及2015年中共中央和国务院发布的《关于推进价格机制改革的若干意见》提出，要全面实行居民用水、用电和用气的阶梯价格制度，推行供热按用热量计价收费制度。此外，还有多部法律、法规要求对电石、铁合金等高耗能行业实行差别电价，对燃煤电厂超排放实行上网电价支持政策，强调要进一步推进排污权交易制度和生态补偿制度，通过价格杠杆引导企业合理地使用资源和节约能源。

（3）环境财政和生态补偿。2016年12月，财政部和环保部联合印发了《水污染防治专项资金管理办法》《中央财政林业补助资金管理办法》《中央财政农业资源及生态保护补助资金管理办法》《江河湖泊生态环境保护项目资金管理办法》《矿山地质环境恢复治理专项资金管理办法》《矿产资源节约与综合利用专项资金管理办法》等多项环境财政政策的文件，设立了多个领域的生态保护专项资金，并规范环保资金的投入与使用，以有效建立长期、稳定的环保投入机制，提高政府的环保投入能力。

（4）环境信用和绿色信贷。2014年，国务院发布《关于创新重点领域投融资机制 鼓励社会投资的指导意见》，提出要创新生态环保投资的运营机制，加强政策以引导社会资本投入资源环境和生态保护等领域，以推进生态建设主体的多元化，推动环境污染治理的市场化理念。2015年，发展改革委、环保部和能源局等部门出台了《关于在燃煤电厂推行环境污染第三方治理的指导意见》《关于推进水污染防治领域政府和社会资本合作的实施意见》《关于推行环境污染第三方治理的意见》《关于鼓励和引导社会资本参与重大水利工程建设运营的实施意见》和《关于开展政府和社会资本合作的指导意见》等规章制度，进一步为社会资本进入环保领域提供了途径和政策支持。

（5）排污权交易制度。2014年，国务院印发了《国务院办公厅关于进一步推进排污权有偿使用和交易试点工作的指导意见》，其核心内容是建立排污权有偿使用制度和加快推进排污权交易。

第二节　中国的主要环境政策

一、排污收费制

1978年，中共中央转发国务院环境保护领导小组《环境保护工作汇报要点》，指出"消除污染、保护环境是进行经济建设和实现四个现代化的重要组成部分"。这是中国共产党历史上首次以党中央的名义对环境保护工作做出指示，积极推动了中国环境保护事业的发展。此外，该《要点》中也首次提到了排污收费制。1979年，第五届全国人民代表大会常务委员会第十一次会议原则上通过了《中华人民共和国环境保护法（试行）》，其中，第十八条规定："超过国家规定的标准排放污染物，要按照排放污染物的数量和浓度，根据规定收取排污费"，并要求遵循排污即收费原则、强制征收原则、属地征收原则、征收程序法定化原则、征收时限固定原则、政务公开原则、上级强制补缴追征原则、特殊情况下实行减免缓的原则、收支两条线原则以及专款专用原则，从法律形式上确定了排污收费制度。

1982年，国务院发布《征收排污费暂行办法》，于当年7月1日起正式实施，使排污收费工作在全国各地全面开展。该《办法》明确规定了排污单位交纳排污费，并没有免除其应承担的治理污染和赔偿损害等责任。其具体内容涉及收费目的、收费对象、收费标准、收费程序和收费期限等方面。排污收费制根据"谁污染，谁治理"原则制定，是重要的经济杠杆之一，并且能筹集环保资金，以经济效益激发环保意识。1992年，经国务院批准印发的《征收二氧化硫排污费试点方案》在贵州、广东两省以及重庆、宜宾等9个城市开展试点工作，规定每公斤二氧化硫排放量须交纳的排污费一般不超过0.20元的标准。

1996年，《国务院关于环境保护若干问题的决定》对完善环境经济政策和增加环境保护投入等方面作出了具体规定，包括：（1）国务院有关部门要按照"污染者付费、利用者补偿、开发者保护、破坏者恢复"的基本原则，在基本建设、技术改造、综合利用、财政税收、金融信贷及引进外资等方面，尽快制订和完善促进环境保护、防止环境污染与生态破坏的经济政策和措施。（2）积极制订限制氯氟化碳、哈龙、含铅汽油生产、进口和使用的有关政策，建立和完善有偿使用自然资源与恢复生态环境的经济补偿机制。（3）要按照排污费高于污染治理成本的原则，提高现行的排污费征收标准，促使排污单位积极治理污染。（4）要加强排污费的征收、使用和管理工作。各级环境保护行政主管部门和地方各级人民政府要足额征收排污费，对征收的排污费和罚没收入要严格实行收支两条线的管理制度，按规定使用，不得挪用和截留。（5）建设城市污水集中处理设施的城市，可以按照国家规定向排污者收取污水处理费。①

2003年7月1日开始实施的《排污费征收使用管理条例》取代了《排污费征收暂行办法》，加强了对排污费征收和使用的管理。其本质是以总量控制为基本原则，以环境标准为法律界限，构筑一个新的排污收费框架体系。主要规定包括：（1）排污者向城市污水集中处理设施排放污水并缴纳污水处理费用，不再另行缴纳排污费。（2）排污者建立了工业固体废物贮存或者处置设施、场所并符合环境保护标准的，或者其原有工业固体废物贮存或者处置设施、场所经改造符合环境保护标准的，自建成或者改造完成之日起，不再缴纳排污费。（3）排污费的征收和使用必须严格实行收支两条线，征收的排污费一律上缴财政，环境保护执法所需的经费列入本部门预算，由本级财政予以保障。排污者未按规定缴纳排污费的，由县级以上地方人民政府环境保护行政主管部门依据职权责令限期缴纳。（4）逾期拒不缴纳的，处以应缴纳排污费数额1倍以上3倍以下罚款，并报经有批准权的人民政府批准，责令停产停业整顿。

2014年，财政部、国家发展改革委和住房城乡建设部共同制定了《污水处理费征收使用管理办法》，以规范污水处理费的征收使用管理，保障城镇污水处理设施的运行维护与建设。主要规定包括：①污水处理费按污染者付费原则，由排水单位和个人缴纳并专项用于城镇污水处理设施建设、运行与污泥处理处置的资金。②污水处理费原则上属于政府非税收入，应全额上缴地方国

---

① 来源于 http://cpc.people.co.

库,纳入地方政府的基金预算管理,实行专款专用。③向城镇排水与污水处理设施排放污水、废水的单位和个人,应当缴纳污水处理费;向城镇污水处理设施排放污水、废水并已缴纳污水处理费的,不再另行缴纳排污费;向城镇污水处理设施排放的污水超过国家或者地方规定排放标准的,依法进行处罚。④污水处理费一般应当按月征收,并全额上缴地方国库。

2015年,为了促使企业减少挥发性有机物(VOCs)的排放,提高VOCs污染控制技术,改善生态环境质量,财政部、国家发展改革委和环境保护部共同制定了《挥发性有机物排污收费试点办法》,主要是对石油化工行业和包装印刷行业的VOCs排污费进行征收、使用和管理。该《办法》能提高企业生产以及消费者购买重污染产品的成本,引导企业少生产以及消费者少购买高污染产品。

2018年1月1日起,《中华人民共和国环境保护税法实施条例》和《中华人民共和国环境保护税法》同步施行,《排污费征收使用管理条例》同时废止。

二、排污权交易制

排污权交易制也称为排污指标的有偿转让制,是指在环境保护行政主管部门的监督管理下,排污单位以排污指标为标的进行交易的一种制度,它是中国环境保护的一种重要手段。

1988年,中国首次提出要开始试点排污许可证制度。1993年,国家环保局选择太原、柳州、贵阳、平顶山、开远、包头等6个城市试点大气排污权交易工作。这可以看作是中国排污权交易的起步阶段，但此时中国并没有确定总量控制的污染控制战略。1994年，全国环境保护工作会议通过了《全国环境保护工作纲要（1993—1998）》，要求强化对重点污染企业发放排污许可证以及后续的管理工作，并逐步扩大排污许可证的发放范围，扩大试行排污交易政策。1999年，国家环保局与美国环保协会签订了两个合作项目，即"推动中国二氧化碳排放总量控制及排放权交易政策实施的研究和合作项目"和"运用市场机制减少二氧化硫排放研究"，确定以江苏省南通市和辽宁省本溪市为合作项目的试点城市，开展城市级的排污权交易研究，研究重点是排污监测计量、排污权交易立法与交易管理等。其中，本溪市的实践旨在以环境立法为突破口，通过为总量控制与排污权交易奠定法律基础，协调新政策的引入。此外，重点对排放监测、监督的可行性与有效方法进行探索。在合作过程中，中美双方草拟了《本溪市大气污染物排放总量控制管理条例》，将排污权交易作为实现总量控制的重要手段，并且对排放监测、申报登记、许可证分配与超额排放处罚的重要内容进行了明确规定。而南通市的实践重点主要在于，考察如何利用市场交易解决经济发展和环境质量之间的矛盾，通过实践寻找排污权交易过程中可能出现的问题、障碍和可能的解决途径。2001年9月，南通市天生港发电公司与南通市另一家大型化工公司进行二氧化硫排污权交易，标志着中国首次实施排污权交易。

2002年，国家环保总局召开山东、山西、河南、江苏、上海、天津、柳州等7个省、市参加的二氧化硫排放交易试点会议，进一步部署了进行排污权交易试点工作的具体步骤和实施方案。

2004年，南通市环保局确认由泰尔特公司将排污指标的剩余量有偿转让给亚点毛巾厂，转让期限为3年，每吨COD的交易价格为1000元，这成为中国首例成功实施的水污染物排放权交易。2007年，中国第一个排污权交易中心在浙江省嘉兴市挂牌成立，标志着中国的排污权交易逐步迈向制度化、规范化和国际化。随后，国家又组织了天津、内蒙古、河北等11个省、市开展排污权有偿使用和交易试点，并取得了一定进展。

2014年，国务院办公厅印发了《国务院办公厅关于进一步推进排污权有偿使用和交易试点工作的指导意见》，其核心内容为：①建立排污权有偿使用制度。严格落实污染物的总量控制制度，合理核定排污权，实行排污权有偿取得，规范排污权的出让方式，加强排污权的出让收入管理。②加快推进排污权交易。规范交易行为，控制交易范围，激活交易市场，并加强交易管理。③强化试点组织领导和服务保障。加强组织领导，提高服务质量，严格监督管理。这是落实生态文明制度创新的一个重大政策实践，也是运用市场经济手段促进污染减排，建立环境容量和排放指标市场的重要创新。这项制度的实施对中国的产业结构调整、环境管理转型、环境资源的市场配置和总量减排的精细化管理等起到了显著的促进作用。

三、"两型社会"综合配套改革试验区

2005年10月，中共第十六届中央委员会第五次全体会议提出建设"资源节约型、环境友好型社会"。2007年10月，中共第十七次全国代表大会指出，必须把建设资源节约型、环境友好型社

会放在工业化和现代化发展战略的突出位置。2007年12月，国家发展改革委正式批准武汉城市圈和长株潭城市群为全国"两型社会"综合配套改革试验区，旨在建立以节能降耗和保护环境为核心要素的改革试验区，实现在优化结构、提高效益、降低消耗和保护环境基础之上的经济发展。

1. 武汉城市圈

2008年6月，国家发展改革委印发《武汉城市圈资源节约型和环境友好型社会建设综合配套改革试验总体方案》，旨在把武汉城市圈建设成为全国宜居的生态城市圈。此外，湖北省第九次党代会正式提出"四基地一枢纽"战略，即把湖北建成中部乃至全国重要的高新技术产业基地、先进制造业基地、优质农产品生产加工基地、现代服务业中心和综合交通运输枢纽，成为与沿海三大城市群相呼应、与周边城市群相对接的充满活力的区域性经济中心以及全国"两型社会"建设的典型示范区。相关内容包括：（1）创新资源节约的体制机制。要求探索节能减排的激励约束机制，完善促进资源节约的市场机制，探索资源综合利用的新途径和加快循环经济发展等。（2）创新环境保护的体制机制。要求健全生态建设和环境保护的管理机制与市场机制，探索建立生态环境补偿的长效机制，探索生态环保建设新途径和完善水环境保护的体制机制等。（3）创新科技引领和支撑"两型社会"建设的体制机制。要求探索建立提升自主创新能力的体制机制，完善科技成果转化助推机制，创新产业园互动发展机制，创新人才开发和配置的体制机制以及加强人才队伍建设等。（4）创新产业结构优化升级的体制机制。要求建立优化区域产业布局的引导机制，探索建立产业发展的激励约束机制、深化国有企业改革和营造非公有制经济发展的体制环境等。（5）创新统筹城乡发展的体制机制。要求建立健全城乡统筹规划和管理的体制机制，建立推进新农村建设的体制机制，建立健全发展现代农业的体制机制和加快城市公用事业改革等。（6）创新节约集约用地的体制机制。要求完善国土资源规划体系，积极推进土地节约集约利用，健全城市土地市场运行机制，创新农村集体土地管理方式和完善被征地农民补偿制度等。（7）创新促进"两型社会"建设的财税金融体制机制。要求深化财税体制改革，完善金融市场体系，推进武汉城市圈的金融一体化，推进金融主体建设和推进农村金融改革等。（8）创新对内对外开放的体制机制。要求深化涉外经济体制改革，营造承接技术与产业转移的体制环境，完善"大通关"制度，加快海关特殊监管区域建设和推进区域市场一体化等。（9）创新行政管理体制和运行机制。要求加快转变政府职能，深化行政审批制度改革，建立健全武汉城市圈的政府间高校协调机制和推进电子政务建设等。

2010年10月，湖北省人民政府出台了《关于加强环境保护促进武汉城市圈"两型社会"建设的意见》，对培育和发展城市圈的生态经济、大力推进城市圈的环境保护一体化、制定实施推进"两型社会"建设的环境经济政策、建立政府主导的多元化环保投融资机制和完善城市圈的环境保护体系等五个方面提出了系统的要求。2012年5月，湖北省人民政府又出台了《湖北省湖泊保护条例》，其目标是加强湖北省的湖泊保护，防止湖泊面积减少和水质污染，保障湖泊功能，改善湖泊生态环境以及促进经济社会可持续发展。该《条例》涉及的内容包括政府职责、湖泊保护规划和保护范围、湖泊水污染防治、湖泊水资源保护、湖泊生态保护和修复、湖泊保护监督和公众参与以及法律责任等多个部分。2014年1月，湖北省第十二届人民代表大会第二次会议通过了《湖北省水污染防治条例》，其目标是为了预防水污染，保护和改善水环境，保障用水安全，推进生态文明建设和促进经济社会可持续发展。该《条例》涉及的核心内容包括政府职责、水污染预防、水污染治理、监督与应急、信息公开与公众参与以及法律责任等多个部分。

2016年6月，湖北省发展改革委印发了《武汉城市圈"两型社会"建设综合配套改革试验三年行动方案（2016—2018年）的通知》。该《通知》设定的总体目标是：到2018年，武汉城市圈的经济社会生态发展更加协调，发展质量和效益明显提升，产业结构明显优化，城镇化的质量和水平稳步提升，城乡居民收入增长与经济发展同步，基本公共服务水平和均等化程度全面提升，水、空气、土壤环境质量和城乡居民生活条件明显改善，资源节约集约利用水平显著提高，科技、金融、土地、财税等支撑"两型社会"建设的重点领域和关键环节的体制机制改革取得突破性进展，初步形成"两型"产业结构、增长方式、消费模式与制度体系，培育建设一批"两型"园区、村镇、社区，在转变经济发展方式上走在全国的前列。该《通知》的主要内容包括：（1）创新资源节约的体制机制。通过健全自然资源、资产产权制度和用途管制制度，加快农村综合产权交易市场建设，完善城市矿产交易制度，严格控制能源消费总量等方式促进资源节约的市场机制得以完善；通过全面实施严格的水资源管理制度和耕地保护制度，加快实施节能技术装备产业化示范工程，培育绿色生活方式等途径，探索建立节约和高效利用的资源制度；通过探索钢铁、电力、建材、石化和环保等循环经济产业链的发展新模式，提高农业资源利用效率等方式加快循环经济的发展。（2）创新环境保护的体制机制。建立经济和社会发展重大决策的生态环境约束机制，建立生态保护和污染防治的部门、区域联动机制，探索建立生态环境损害赔偿责任终身追究制度和环境污染事故追究制度、环境司法体制，完善排污权、碳排放权和水权交易制度，完善环境第三方治理机制，建立健全生态环境损害赔偿制度，明确生态环境损坏赔偿范围和责任主体、索赔主体损害赔偿解决途径。（3）创新产业升级的体制机制。通过大力推进供给侧结构性改革，组织企业化解过剩产能，改造提升传统动能，加快产业迈向中高端等方式建立产业发展的激励约束机制；通过深化国有资产管理体制改革，在国有企业产权多元化和经营性事业单位的改企重组进程中规范发展混合所有制经济等方式，完善国有资产的经营和管理体制；通过制定实施非公有制经济投资准入特别管理措施的方式，完善支持非公经济健康发展的政策措施。（4）创新统筹城乡发展的体制机制。通过深化农村集体产权制度改革的方式，积极培育农村经济社会发展的新模式；通过推进农业转移人口在就业、教育、医疗、住房、社会保障和文化等领域享有基本公共服务的方式，建立城乡公共服务均等化的体制机制。（5）创新财税金融、对外开放、行政管理的体制机制。通过创新省级财政专项资金的管理机制,继续开展竞争性分配改革,完善中小企业融资担保体系,持续推进简政放权、放管结合和优化服务,深化行政审批制度改革,建立部门权力清单和责任清单制度等。(6)积极推进一体化建设。通过加快城市间的高速公路、普通公路、道路运输和港口航道等安全应急管理信息化体系建设,提升安全监管和应急救援处置信息化水平等方式,提升基础设施的一体化水平;通过推动工商登记业务系统一体化建设的方式,推进市场一体化水平;通过支持武汉东湖新技术开发区、武汉经济技术开发区发挥人才、资本、技术、管理、创新等方面的优势,以"园外园"模式,与周边城市开展区域合作等方式,形成产业一体化发展的新格局;通过推进城市圈生态市、县、乡镇、村四级联合创建工作的方式,打造一批生态文明建设的示范典型,推进生态环保一体化;通过促进资源联动共享的方式,提高公共服务均等化水平。(7)重点实施"双十二工程",包括十二项示范工程和十二项试点工程。(8)强化保障措施。通过加强组织领导、健全激励约束机制、加强"两型"项目建设、做好总结推广工作等方式实现。

2. 长株潭城市群

2010年8月,湖南省人民政府发布《关于加快经济发展方式转变推进"两型社会"建设的决定》,其目标是:到2015年,基本形成现代化产业体系、可持续发展体系、科技创新体系、民生保障体系和制度支撑体系。该《决定》的主要内容包括:(1)在加快推进长株潭"两型社会"试验区的改革建设方面,要求深入推进试验区综合配套改革,实施试验区第二阶段重点工程。(2)在加快推进新型工业化方面，要求培育发展战略性新兴产业，改造提升传统优势产业，加快推进自主创新。（3）在加快推进新型城镇化方面，要求推进大、中、小城市和小城镇协调发展，全面提高城市的综合承载能力，统筹城乡发展。（4）在加快推进农业现代化方面，要求加快发展现代农业，大力发展农产品加工业，促进农村劳动力转移就业，全面提高乡村规划建设水平。（5）在加快推进信息化方面，要求大力发展电子信息产业，提升信息化支撑能力，推动信息化与工业化融合，提高全社会信息化水平。（6）在加快发展第三产业方面，要求大力发展生产性服务业，全面提升生活性服务、养老幼托服务和综合服务功能，加快发展文化产业和旅游业。（7）在促进区域协调发展方面，要求优化提升"3+5"城市群，优化资源配置，加大对湘南和湘西的扶持力度。（8）在促进投资、消费、出口协调拉动经济增长方面，要求保持投资合理稳定增长，增强消费对经济增长的拉动力，在扩大外贸规模的同时，转变外贸发展方式。（9）在加快推进生态文明建设方面，要求加大节能减排力度，集中抓好重点区域的环境治理，加强生态建设。（10）在改善民生和发展社会事业方面，要求切实增加居民收入，推进就业、医疗卫生和社会保障等民生工程，进一步实施教育强省、文化强省、人才强省战略。（11）在强化保障措施和优化发展环境方面，要求加强基础设施建设，推进重点领域和关键环节的改革，加快建设服务型政府，加强社会信用建设，进一步扩大对外开放。（12）在加强改进党的领导方面，要求提高领导科学发展的能力和水平，推动社会管理创新，健全完善促进科学发展的考核评价体系，切实转变干部作风。

2011年3月，国务院正式批准《湘江流域重金属污染治理实施方案》，这是中国第一个由国务院批复的区域性重金属污染治理试点方案。该《方案》的目标是：到2015年，实现湘江流域的涉重金属企业数量和重金属排放量均比2008年减少50%，环境质量得到明显改善，重金属污染的环境风险降低，重金属污染事故得到有效遏制。其主要内容包括：（1）2011—2013年间，以产业结构调整为重点，开展涉重金属企业依法取缔关闭、淘汰退出、改造升级等工作，要求涉重金属企业数量比2008年减少50%。（2）2012—2014年间，在产业结构优化调整的基础上重点开展工业污染源控制项目，不断提升企业清洁生产水平，从源头上减少重金属污染物的排放量，启动治理条件成熟的历史遗留污染治理及底泥土壤治理试点示范、科技攻关等项目。（3）2013—2015年间，重点开展历史遗留的污染治理试点示范、科技攻关和能力建设、农产品产地土壤重金属污染治理，启动重点治理区的搬迁项目。

2012年11月，湖南省人民政府发布了《湖南省长株潭城市群生态绿心地区保护条例》，旨在保护长株潭城市群的生态绿心地区，发挥生态绿心地区的生态屏障和生态服务功能，建设"两型社会"。该《条例》的主要内容包括：（1）生态绿心保护的责任主体。（2）绿心规划。让森林走进城市，让城市拥抱森林。（3）第二产业逐步退出"绿心"。（4）重大项目建设实行准入制度。（5）生态绿心地区全面实施植树造林、封山育林。（6）建立生态补偿机制。（7）违反生态绿心地区总体规划及《绿心条例》的行为应负法律责任。2018年5月，湖南省长株潭

"两型"试验区管委会印发《长株潭生态绿心地区保护监测管理办法（暂行）》，规定绿心地区的保护监测主要通过卫星遥感测绘技术，定期采集绿心地区卫星云图并进行影像对比，及时掌握绿心地区的环境变化情况，监控、评估、整改绿心地区的违法违规行为，原则上以季度监测为主，并辅之以年度监测、即时监测。

四、"两控区"政策

1996年8月，国务院颁布了《国务院关于环境保护若干问题的决定》，指出地方各级人民政府要根据《中华人民共和国大气污染防治法》做好大气污染防治工作，重点防治燃煤产生的大气污染，以控制二氧化硫和酸雨污染加重的趋势，并要求国家环保局会同有关部门尽快提出酸雨控制区和二氧化硫污染控制区的划定意见和目标要求。1996年9月，在《国家环境保护"九五"计划和2010年远景目标》的指导下，"两控区"有了阶段性的控制目标，即到2010年，"两控区"内的二氧化硫排放量控制在2000年的排放水平以内；"两控区"内所有城市的空气二氧化硫浓度都达到国家环境质量标准；酸雨控制区降水pH值小于等于4.5的地区明显减少。1998年1月，国务院在《国民经济和社会发展"十五"计划纲要》提出，继续加强大气污染防治工作，实施"两控区"和重点城市的大气污染控制工程，要求2005年"两控区"内的二氧化硫排放量比2000年减少20%。2002年9月，国务院在《国务院关于两控区酸雨和二氧化硫污染防治"十五"计划的批复》中要求继续加大"两控区"内的酸雨和二氧化硫污染防治力度，积极落实相关的污染防治政策、措施和项目，切实改善酸雨控制区和二氧化硫控制区的环境质量。主要规定包括：（1）限产或关停高硫煤矿，加快发展动力煤洗选加工，降低城市的燃料含硫量。（2）淘汰高能耗和重污染的锅炉、窑炉以及各类生产工艺和设备。（3）控制火电厂的二氧化硫排放，加快建设一批火电厂脱硫设施，新建、扩建、改建的火电机组必须同步安装脱硫装置或采取其他脱硫措施。

2006年11月，为了减少全国二氧化硫排放总量，防治区域和城市的二氧化硫污染，促进经济、社会与环境的可持续发展，国家环保总局出台了《二氧化硫总量分配指导意见》，制定了适用于上级政府对下级政府以及环保部门对排污企业的二氧化硫总量分配指导文件。各行政区域的二氧化硫总量包括电力和非电力两部分。其中，电力二氧化硫总量由省级环境保护行政主管部门严格按照规定的绩效要求直接分配给电力企业，非电力二氧化硫总量由各级环境保护行政主管部门按照要求逐级进行分配。

2008年1月，国家环保总局和国家发展改革委联合发布了《国家酸雨和二氧化硫污染防治"十一五"规划》，要求严格执行二氧化硫排放的总量控制计划，控制氮氧化物排放的增长趋势，确保2010年全国二氧化硫的排放总量比2005年减少10%，有效控制酸雨污染，降低城市的二氧化硫浓度。此外，在环保工作的具体开展过程中，实行各级政府问责制，对于环保任务执行进度滞后，未能完成排污总量控制的地区进行通报批评，追究相关人员的责任；各地要严格控制新建项目的二氧化硫排放增量，强化"三同时"制度；因地制宜地制定各地区的排污实施计划，将重点的项目纳入考虑范围内，并认真地组织实施。

第二章
排污收费制能促进绿色发展吗?

第一节 引 言

改革开放创造了"中国奇迹",但长期以来中国经济对资源密集型和污染密集型产业的高度依赖,使得环境问题越来越突出,经济发展与环境保护之间的摩擦也愈加激烈。据测算,2013年,中国20个省市爆发的严重雾霾造成了近230亿元的直接经济损失(穆泉,张世秋,2013)。在美国耶鲁大学和哥伦比亚大学联合发布的2018年全球环境绩效指数(Environmental Performance Index,EPI)报告中,中国在列出的180个国家中排名倒数第四,整体空气质量仅优于印度、孟加拉国和尼泊尔。为了应对越来越严重的环境污染问题,践行绿色、可持续发展的理念,2015年,中共十八届中央委员会第五次全体会议明确提出,要将绿色发展作为"十三五"时期的核心发展目标和发展理念。从内涵看,绿色发展是建立在生态环境容量和资源承载力的约束条件下,将环境保护作为实现可持续发展重要支柱的一种新型发展模式。绿色发展强调以绿色增长模式为基础,以技术与制度创新为手段,从减少能源与物质消耗、降低污染物排放等方面入手，着力于实现地区经济增长与高消耗、高排放相脱离（胡鞍钢，周绍杰，2014；李卫兵，李翠，2018）。

当今世界，绿色发展已经成为一个重要趋势，但如何实现绿色发展却是世界各国发展过程中共同面临的难题。从政策实践来看，大多数国家试图通过严格的环境规制来实现经济增长与环境保护的双重目标，但政策效果表现各异。在市场体系尚未建设完善和健全的地区，尤其是以中国为代表的发展中国家，为了缓解经济发展带来的环境污染问题所施行的环境规制工具以命令控制型为主，即通过制定企业生产过程中必须遵守的排污标准和技术规范，以立法的形式强制影响企业的排污行为，如《中华人民共和国环境保护法》等一系列相关法律法规。现阶段，命令控制型环境规制工具仍然是当前中国污染治理最有效的政策工具之一（王红梅，2016）。

然而，命令控制型环境规制工具主要依赖政府的直接干预，从效率上讲，远远不如以市场为基础的激励型环境规制工具。鉴于此，中国逐渐开始试行以经济手段和自愿手段为主要内容的激励型规制工具，主要包括排污权交易和排污收费制。通过构建排污权交易市场，降低污染物排放的单位减排成本，从总体上缓解社会污染排放问题的构想源自于新制度经济学的鼻祖罗纳德·哈里·科斯（Ronalcl H. Coase）的思想，也在一定程度上得到了后续研究者的理论证明。实证结果证实，排污权交易有利于提高生产企业的潜在利润，使生产企业有更充裕的资金投入技术研发和污染排放物的净化处理上。中国自 2002 年开始推行二氧化硫排污权交易试点政策。① 有学者对其政策效果进行了考察，认为目前中国二氧化硫排污权交易市场尚处于初级阶段，市场整体运行效率低下，造成试点政策未能实现波特效应，排污权交易市场还须进一步推广完善。也有学者通过构建 DEA 模型进行核算发现，全面实行二氧化硫排污权交易机制后，可实现 GDP 增速加倍、污染物排放减半的绿色发展目标。此外，2012 年中国在北京、天津、上海、湖北等 7 个省、市开展碳排放权交易试点。研究发现，碳排放权交易可以显著促进地区产业结构优化，促进经济绿色发展，而对行业的影响则存在异质性。

总体来说，排污权交易制度仅在中国少数地区进行试点，且受限于试点期交易市场冷清的影响，实际达成的排污权交易数量和交易规模均较小，因此，关于国内排污权交易市场的研究大多存在样本数较少以及结果稳健性不强的缺陷。

排污收费是国家对排放污染物的组织或个人（即污染者）实行征收排污费的一种制度，它运用经济手段要求污染者承担污染损害的责任，从而把外部性内部化，以促进污染者减少污染物的排放。从本质上来说，排污收费制是由庇古理论衍生出来的。庇古（Arthur Cecil Pigou）最先提出通过征收"庇古税"抑制企业污染，根据污染所造成的危害程度将排污者征税将污染的外部性问题内部化，以此来平衡排污者生产的私人成本和社会成本。在此基础上，进一步形成环境税双重红利（Double Dividend）理论，该理论认为征收环境税可以在保护环境的同时提高社会福利水平。

---

① 试点区域包括山东、山西、江苏、河南四省和上海、天津、柳州三市。

自1982年7月1日起，中国正式对超标排放污染物的生产单位按照相应标准征收排污费以来，中国的排污收费制已执行近40年。① 关于中国排污收费制的政策效应，有些学者进行了经验分析，比较一致的结论是：排污收费制的效应存在显著的异质性。分区域来说，在东部发达地区，排污收费制对绿色技术创新有明显的驱动效应，但在中、西部地区，经济发展水平落后抑制了排污收费制对绿色技术创新的驱动效应。此外，在东、西部地区，排污收费制对工业两阶段环境效率均产生显著的负面影响，但在中部地区，该影响并不显著。分行业来看，排污费与电力行业二氧化硫排放量存在倒"U"型关系，即只有当排污费跃过价格拐点时，进一步提高排污费才会抑制电力行业二氧化硫排放量的进一步提升。

2003年，中国出台了《排污费征收使用管理条例》和《排污费征收标准管理办法》，对污染物类别和收费标准进一步细分和规范化。2007年，又发布了《国务院关于印发节能减排综合性工作方案的通知》，随后部分省、市将二氧化硫排污费从国家规定的0.63元/公斤上调至1.26元/公斤（其中，北京和天津管制最为严格，分别于2013年和2014年将排污费上调至10元/公斤、6.3元/公斤），但还有接近一半的省、市仍按国家标准征

---

① 2018年1月1日起，中国废止了排污费，同时开始征收环保税。由于环保税刚刚开始征收，其经济效应尚未体现出来，也缺乏相应的数据进行准确估计，而在中国实施了近40年的排污收费制具有准税的性质，它与环保税存在一定共性，二者均以促进节能减排为初衷，遵循"谁排污谁付费"的原则。因此，估计排污收费制对绿色发展的影响及其影响机制对于政府完善环保税政策有重要的借鉴意义。

收二氧化硫排污费。这一政策变化具有准自然实验的性质，为人们识别排污费的经济效应提供了良好契机。绿色全要素生产率（Green Total Factor Productivity，GTFP）修正了传统的全要素生产率（Total Factor Productivity，TFP），它将环境污染和能源消耗等因素纳入传统的经济增长分析框架，它的提升能驱动经济发展方式发生转变。因此，绿色全要素生产率是绿色发展的合理度量指标。有鉴于此，本章利用非径向非角度的SBM模型，将工业二氧化硫排放量作为非期望产出指标计算得到的绿色全要素生产率作为被解释变量，首次考察二氧化硫排污费上调对于地区绿色发展的影响。通过引入环境污染与能源消耗变量的绿色全要素生产率指标，取代度量传统增长的全要素生产率指标，能更准确地衡量政策变化对于地区绿色发展水平的影响。

现有文献主要集中于考察命令控制型环境规制工具和排污权交易试点政策的效应，关于排污收费制的经济效应的实证文献十分稀少，且一般用省际排污费数据作为解释变量，并利用简单的（Ordinary Least Square，OLS）回归去估计排污费对结果变量的影响。这种做法的一个重大缺陷是中国的统计数据中仅统计省级的排污费数据，并未统计市级数据，因而，样本量十分有限，且数据容易被操控，研究内容也主要集中在东、中、西部省份之间政策效果的差异性上。更重要的是，基于OLS方法进行简单回归，未能考察内生性，因而，实证结果存在估计偏误问题。本章利用中国的部分省域上调排污费这一准自然实验，将上调排污费的省域作为处理组，仍按国家标准征收排污费的省域作为对照组，采用双重差分（Difference in Difference，DID）方法估计排污费的经济效应，以更有效地识别排污收费制与结果变量之间的因果关系。同时，排污费的上调可能并不是随机的，会受到区域经济发展水平、环境质量或能源消费等指标的影响，所以，处理组与对照组的结果变量可能会因为非随机选择过程而出现不平衡，此时，简单地用 DID 方法进行回归会出现偏误。为了解决这一问题，本章采用倾向得分匹配（Propensity Score Matching，PSM）与 DID 模型相结合的方法进行估计，能更有效地控制处理组与对照组之间的系统差别，以达到数据平衡，并缓解混杂变量的影响，产生更精确的估计。实证结果显示，排污费上调对地区绿色全要素生产率有显著的抑制作用，该结论经过一系列稳健性检验仍然成立。异质性检验证实，排污费上调对绿色全要素生产率的显著抑制作用主要集中于经济发展水平较高、第二产业占比较高以及技术水平较低的省份。

  此外，本章从理论上阐释了排污费上调影响绿色发展的机制，并进行了实证检验。从理论上来说，排污费上调影响绿色发展的潜在渠道包括外商直接投资流入、产业结构调整和技术水平，但机制检验结果证实，仅有技术水平这一渠道具有显著影响。尽管排污收费制确实起到了促进企业技术进步的作用，但由于中国大部分企业的现有技术水平较低，未能跨越"倒 U 型"环境库兹涅茨曲线的拐点，即随着企业技术水平的提高，单位产出的环境污染排放反而上升，从而在总体上表现为地区绿色全要素生产率的增长率受到抑制。

第二节 政策背景与理论机制

一、排污收费制的政策背景

中国的超标排污收费制原则上起源于1979年第五届全国人大第十一次会议通过的《中华人民共和国环境保护法（试行）》，在此基础上，为了提高资源综合利用效率以及筹集环保资金，国务院于1982年颁布《征收排污费暂行办法》，并于同年7月1日起正式对超标排放污染物的生产单位按照相应标准征收排污费，标志着中国首次通过征收排污费的形式对企业排污行为进行管制和规范，同时，用征收的排污费设立专项资金，开展环境保护和污染治理工作。2003年出台的《排污费征收使用管理条例》和《排污费征收标准管理办法》对污染物类别和收费标准进一步细分和规范化，同时出台的《排污费资金收缴使用管理办法》明确规定了专项资金的使用，自此，中国排污费征收体系基本建成。

近年来，中国政府曾多次在五年规划中将环境保护与污染物减排工作提上议程，《排污费征收标准管理办法》的出台正处于"十五"期间。"十五"规划提出了全国污染物减排的总量指标，并将总体指标分解到各省、自治区、直辖市及计划单列城市，并全部纳入《国民经济和社会发展第十个五年计划纲要》（下文简称为《纲要》）。相比前几次五年规划而言，"十五"规划在环境保护方面已取得较大进展，但并未完成《纲要》提出的全部目标,这可能是本章关注的部分省域上调二氧化硫排污费征收标准的一个重要原因。在接下来的"十一五"期间,中央政治局和国务院首次把环境保护提到战略高度,强调在落实科学发展观的同时,将污染防治作为环保工作的重中之重,特别是二氧化硫和化学需氧量两项主要污染指标首次作为约束性指标纳入五年规划。在此背景下,国务院于2007年发布《国务院关于印发节能减排综合性工作方案的通知》,提出将二氧化硫排污费征收标准由每公斤0.63元逐步提高到每公斤1.26元,旨在通过提高二氧化硫排污费征收标准引导企业使用清洁能源替代化石能源,以及加强二氧化硫排放前的净化处理,为实现"十一五"规划中提出的总体减排目标提供保障。在该《通知》的推动下,多个省域将二氧化硫排污费上调至1.26元/公斤,但也有不少省域仍按0.63元/公斤的标准征收排污费。① 这种不同省域的排污费差异为笔者识别排污收费制对绿色发展的影响提供了契机。

二、排污收费制影响绿色全要素生产率的理论机制

从理论上来说,排污收费制对绿色全要素生产率的影响可能存在三种潜在机制,即企业技术创新、产业结构调整和外商直接投资流入,详见图2-1。

从微观企业技术创新角度而言,排污费的上调会提高企业生产过程中的环境成本,不同技术水平的企业会根据自身技术水平

---

① 2007—2015年,全国共有16个省、市分别在不同年份提高了二氧化硫排污费征收标准,另外14个省、市始终按2003年国家规定的标准征收排污费。

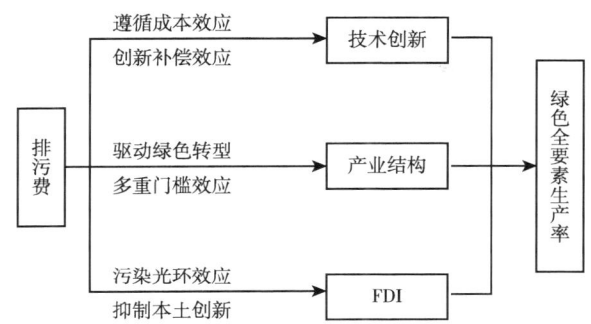

图 2-1 排污费影响绿色全要素生产率的理论机制

采取不同应对措施进行成本控制。技术水平较低的企业通过增加自身研发投入实现减排的边际成本较高，因而，按要求缴纳排污费的同时，削减不必要的节能减排研发投入，进行成本控制，才能保证企业的继续运营，这种"遵循成本效应"使得排污费的征收并没有起到促进绿色全要素生产率的作用。而本身技术水平较高的企业通过自身研发投入实现减排的边际成本低于缴纳排污费的成本，此时，排污费的征收和提高会促进企业通过加大研发投入实现绿色技术创新，并提高生产过程中的资源利用率，这时"技术创新补偿效应"会推动绿色全要素生产率的提升。相关实证研究表明，环境规制强度与企业技术水平呈"U"型关系，与绿色全要素生产率之间整体也呈"U"型关系。

从产业结构方面来说，环境规制加强可能会通过调整生产要素配置、专业化分工、产业溢出效应，以及提高高污染行业的进入门槛，起到推动产业结构调整、实现产业"绿色化"的效果，并最终影响绿色全要素生产率。对于以污染密集型制造业作为经济主体的地区，排污费的提高可能会进一步强化"遵循成本效应"的作用，造成环境污染问题更加严重，反而抑制绿色全要素生产率的提升。此外，环境规制强度对绿色全要素生产率的影响可能存在门槛效应，只有当环境规制强度介于某个门槛值范围内，才会有利于工业发展方式向绿色化转型，规制强度过高或过低均不利于促进绿色发展。

从利用外资角度来看，排污费上调会提高筛选门槛，影响外商直接投资流入，进而影响绿色全要素生产率。一方面，外商直接投资带来的绿色生产技术创新和溢出形成"污染光环效应"，有利于提高地区绿色全要素生产率水平。另一方面，过高的外商直接投资水平也可能会挤占本土企业的生产规模，不利于其对先进技术的吸收和自主创新，从而削弱地区绿色全要素生产率的提升。也有研究认为，环境治理成本的提高与经济发展水平、管理成本、贸易成本的提升相比额度较小，并不能完全决定外商直接投资的区位选择。因此，外商直接投资作为排污费上调影响绿色全要素生产率的中介机制，起到的净影响方向尚不明确。

第三节　方法与数据

一、GTFP 的测算方法

传统的数据包络分析（Data Envelopment Analysis，DEA）方法在测算绿色全要素生产率时对径向和角度的主观选择可能会给最终的效率测算带来不可消除的选择偏误，鉴于此，本章采用非径向、非角度的 SBM 方向性距离函数测算 Malmquist – Luenberger（ML）生产率指数，并以此来衡量中国各城市的 GTFP 水平。基本思路是将每一个城市作为一个决策单元，每个决策单元均包括投入、"好"产出和"坏"产出。假设每一个城市使用 M 种投入 $\boldsymbol{x} = (x_1, \cdots\cdots, x_m, \cdots\cdots, x_M) \in R_M^+$，生产出 N 种"好"产出 $\boldsymbol{y} = (y_1, \cdots\cdots, y_n, \cdots\cdots, y_N) \in R_N^+$，排放 J 种"坏"产出 $\boldsymbol{b} = (b_1, \cdots\cdots, b_j, \cdots\cdots, b_J) \in R_J^+$。反映环境技术的生产可能性集为：$P^t(x) = \{(x_t, y_t, b_t) : x_t\}$，且满足生产可能性集的一些基本假设：闭集和有界集；投入和期望产出自由可处置性、零结合性和产出弱可处置性。因此，运用数据包络分析（DEA）可将环境技术表示为：

$$P^t(x^t) = \Big\{ (y^t, b^t) : \sum_{i=1}^{I} z_i^t y_{in}^t \geq y_{in}^t, \forall n; \sum_{i=1}^{I} z_i^t b_{ij}^t = b_{ij}^t, \forall j;$$
$$\sum_{i=1}^{I} z_i^t x_{im}^t \leq x_{im}^t, \forall m; \sum_{i=1}^{I} z_i^t = 1, z_i^t \geq 0, \forall i \Big\}$$

$$(2-1)$$

其中，$i = 1, 2, \cdots\cdots, I$ 表示对应的各个城市；$t = 1, 2, \cdots\cdots, T$ 表示时期；z_i^t 表示每个横截面观测值的权重。依照 Fukuyama and Weber 提出的 SBM 模型的处理方法，可在规模报酬可变条件下构建考虑环境因素的方向性距离函数为：

$$S_v^t(x^{t,i'}, y^{t,i'}, b^{t,i'}, g^x, g^y, g^b) = \max_{s^x, s^y, s^b} \frac{\frac{1}{M}\sum_{m=1}^{M} \frac{s_m^x}{g_m^x} + \frac{1}{N+J}\Big(\sum_{n=1}^{N} \frac{s_n^y}{g_n^y} + \sum_{j=1}^{J} \frac{s_j^b}{g_j^b}\Big)}{2} \quad (2-2)$$

约束条件为：

$$\sum_{i=1}^{I} z_i^t x_{im}^t + s_m^x = x_{i'm}^t, \forall m$$

$$\sum_{i=1}^{I} z_i^t y_{in}^t - s_n^y = y_{i'n}^t, \forall n$$

$$\sum_{i=1}^{I} z_i^t b_{ij}^t + s_j^b = b_{i'j}^t, \forall j$$

$$\sum_{i=1}^{I} z_i^t = 1, z_i^t \geq 0, \forall i$$

$$s_m^x \geq 0, \forall m; s_n^y \geq 0, \forall n; s_j^b \geq 0, \forall j$$

其中，城市 i' 的投入和产出向量为 $(x^{t,i'}, y^{t,i'}, b^{t,i'})$，期望产出扩张、非期望产出和投入压缩的取值为正的方向向量为 (g^x, g^y, g^b)，投入和产出的松弛向量为 (s_m^x, s_n^y, s_j^b)。

根据 Chung 等人提出的方法，可定义第 t 期到第 $t+1$ 期的 ML 指数为：

$$ML_t^{t+1} = \left\{ \frac{1+D_0^t(x^t, y^t, b^t, g^t)}{1+D_0^t(x^{t+1}, y^{t+1}, b^{t+1}, g^{t+1})} \right.$$

$$\left. \times \frac{1+D_0^{t+1}(x^t, y^t, b^t, g^t)}{1+D_0^{t+1}(x^{t+1}, y^{t+1}, b^{t+1}, g^{t+1})} \right\}^{\frac{1}{2}} \quad (2-3)$$

其中，$D_0^t(x^t, y^t, b^t, g^t)$ 表示 t 时期的决策单元与有效生产前沿面之间的距离。当 $ML_t^{t+1} > 1$ 时，说明从第 t 期到第 $t+1$ 期，该地区的 GTFP 得到了提高，否则，该地区的 GTFP 指数没有提高。

二、PSM 方法

PSM 方法是使用鲁宾和罗森鲍姆（1983）提出的倾向得分

(Propensity Score)作为样本协变量之间的差异或距离的度量函数,匹配出进入处理组的概率相近的个体。个体 i 的倾向得分定义为:在给定 x_i 的情况下,个体 i 进入处理组的条件概率,即 $P(x_i) \equiv P(D_i = 1 | x = x_i)$。其中,$x_i$ 表示可能影响个体 i 是否进入处理组的协变量,D_i 表示区分样本是否进入处理组的虚拟变量,即 $D_i = 1$ 表示样本属于处理组,$D_i = 0$ 表示样本属于对照组,通常使用形式灵活的 logit 模型估计倾向得分。

计算出个体的倾向得分之后,可以根据样本数据的特征选择不同的匹配方法对处理组和对照组样本做出基于倾向得分的匹配再抽样,包括 K 近邻匹配、卡尺匹配、卡尺内最近邻匹配、核匹配、局部线性回归匹配和样条匹配等。由于篇幅限制,加之关于各种匹配方法的数学推导不是本章的重点,因此,此处不赘述各种匹配方法的数理逻辑。

基于 PSM 得到的新的处理组和对照组样本,可以通过 DID 方法估计二氧化硫排污费上调对地区绿色全要素生产率产生的净影响。

三、DID 方法

本章构建基于 DID 方法的基准回归方程如下所示:

$$Y_{it} = \beta_0 + \beta_1 Fee_{it} + \beta_2 Time_{it} + \beta_3 Fee_{it} \times Time_{it} + \alpha X_{it} + \varepsilon_{it}$$

(2-4)

被解释变量 Y_{it} 表示个体 i 在 t 时期的绿色全要素生产率;虚拟变量 Fee 用来区分处理组与对照组,$Fee = 1$ 表示样本属于处理组,

$Fee=0$ 表示样本属于对照组；虚拟变量 $Time$ 用来表示二氧化硫排污费上调的时间，$Time=1$ 表示排污费上调政策执行当年及以后年份，$Time=0$ 表示排污费上调政策执行之前的年份；交互项 $Fee \times Time$ 的系数 β_3 为本章重点关注的政策效应估计量；X 为相关控制变量，包括人均实际 GDP、外商直接投资、产业结构、技术水平、基础设施、金融结构等；ε 为随机扰动项。

由于不同地区的样本存在个体差异，样本之间初始禀赋（如地区经济发展水平、产业结构、基础设施等）的差异往往会影响制定政策时不同样本进入处理组的概率，因此，处理组的样本选择不严格满足 DID 方法的随机性假设，这种选择性偏误的存在，必然会造成 DID 的估计结果产生政策内生性问题。本章借鉴随机实验设计思想，尝试使用 PSM 方法对初始样本组进行二次抽样，剔除初试禀赋差异较大的样本，使样本数据尽可能接近随机实验数据，以消除样本选择偏误所造成的政策内生性度量偏误，提高政策效应的估计精度。

四、变量、数据与描述性统计

自 2007 年《国务院关于印发节能减排综合性工作方案的通知》发布以来，关于二氧化硫排污费征收标准的调整工作在全国各省、市逐步推进与展开。未上调排污费的地区和上调排污费的地区形成了天然的对照组和处理组，这让笔者有机会使用 PSM 与 DID 相结合的方法研究排污费上调对地区绿色全要素生产率产生的净效应。

截至 2015 年底，全国共有江苏省、山西省、河北省、山东省、云南省、广东省、辽宁省、黑龙江省、广西壮族自治区、内蒙古自治区、新疆维吾尔自治区、天津市、上海市、北京市等14个省、市出台了二氧化硫排污费征收标准上调政策，其中，河北省、山西省、山东省、内蒙古自治区作为2008年首批上调排污费的省份具有较强的代表性。本章以这四个省的34个地级市作为初始的处理组样本，以2015年底之前没有执行排污费上调政策的132个地级市作为初始的对照组样本。

考虑到各地区之间经济发展水平与资源禀赋的异质性较强，而这些因素有可能对样本地区是否选择上调二氧化硫排污费征收标准造成影响，本章首先利用PSM方法，依据经济发展水平、外商直接投资、产业结构、技术水平、基础设施、金融结构等指标，剔除初始处理组样本和对照组样本组中差异较大的城市，仅保留初始条件相对比较接近的样本，构成新的处理组样本和对照组样本，从而避免样本选择偏误所造成的政策内生性问题。

相关控制变量方面，笔者引入下列变量：（1）人均实际GDP。一般来说，经济发达地区的政府比较重视控制污染物排放和治理环境污染，而经济欠发达地区的政府为了追求经济快速增长，往往争相构建"政策洼地"以招商引资，从而放松污染物排放的监管标准，尤其在地方GDP增速与官员晋升机会挂钩的激励制度下，为了追求GDP增长而放任企业污染环境的情况在经济欠发达地区尤为突出。为了控制经济发展水平对绿色全要素生产率的影响，本章使用人均实际GDP的对数度量地区经济发展水平。（2）外商直接投资。外商直接投资不仅是经济发展的一条重要融资渠道，更是引进国外先进技术和管理模式的一条绿色通道，驱使中国环境规制不断加强,起到提高筛选外资进入的环境门槛的作用,从而提高绿色全要素生产率水平。(3) 产业结构。不同规模、不同行业的企业在生产过程中对环境成本的消耗程度不同,对地区绿色全要素生产率的贡献也不尽相同,其中,"二产"占比上升会带来环境污染的恶化,而产业结构的优化有利于调整生产要素配置和实现产业溢出效应,通过技术效率的提升影响绿色全要素生产率。本章用"二产"占比和"三产"占比表示地区产业结构差异。(4) 技术水平。技术水平和创新能力是经济增长的根本动力,也是提高绿色全要素生产率的核心推动力。考虑到地级市层面的企业科研投入数据和专利申请数据难以获取,本章用地区财政预算内教育支出占总体预算内财政支出的比重来衡量地区技术水平。(5) 基础设施。发达的基础设施建设有利于提高要素流动效率,降低企业生产成本,从而促进绿色全要素生产率提升。本章用地区人均道路面积度量基础设施建设水平。(6) 金融结构。完善而合理的金融结构有利于实现地区资金向技术水平高、研发能力强的企业流动,从而通过技术创新促进绿色全要素生产率增长。本章用地区存贷款余额比例来度量金融结构。

此外,在测算 GTFP 时,以 2002 年作为基期计算得到的固定资本存量作为资本投入(K)、全社会用电量作为能源投入(E)、年末城镇单位、个体及私营企业从业人数作为劳动投入(L),并以实际 GDP 作为期望产出,以工业二氧化硫排放量作为非期望产出,通过测算 Malmquist – Luenberger (ML) 指数来衡量地区绿色全要素生产率的变动情况。

本章选取的数据窗口为政策执行前两年和后两年,即以

2006—2007 年作为基期，以 2009—2010 年作为报告期。之所以未将 2008 年作为报告期，原因在于处理组样本上调二氧化硫排污费的月份不统一，且大部分地区在 2008 年下半年才上调排污费。此外，2008 年北京奥运会前后，北方城市尤其是北京、天津等地实施了严格的空气污染管制措施，该影响无法通过双重差分法消除。考虑到"十二五"规划将绿色发展提高到了前所未有的高度，并在此基础上在全国范围内进行了"国家层面主体功能区"的划分，统筹制定了各功能区的绿色转型目标以及优化开发次序和重点，会对本章使用的各城市样本产生不同的政策干扰，进而影响关于二氧化硫排污费上调政策效果的评估，因此，本章选取的时间窗口控制在"十一五"期间内，剔除了 2010 年以后的样本。

本章使用的所有数据来自于历年的《中国城市统计年鉴》，部分缺失数据使用各省的统计年鉴中相应数据进行补充，GDP 和外商直接投资数据均以不变价格折算。变量的详细定义见表 2–1。

表 2–1　　　　　　　主要变量及其计算方法

变量名称	变量含义	计算方法
GTFP	绿色全要素生产率	以固定资本存量、能源消耗、劳动力水平作为投入，实际 GDP 作为期望产出，工业二氧化硫排放量作为非期望产出，基于非径向非角度的 SBM 模型计算得出
Fee	排污费上调政策虚拟变量	$Fee=1$ 表示上调排污费；$Fee=0$ 表示未上调排污费
Time	政策执行时间虚拟变量	$Time=1$ 表示政策执行之前；$Time=0$ 表示政策执行之后

续表

变量名称	变量含义	计算方法
$Fee \times Time$	交互项	二氧化硫排污费上调政策虚拟变量×政策执行时间虚拟变量
$Per-GDP$	人均实际 GDP	取对数；单位：元
FDI	外商直接投资	取对数；单位：万美元
$Second-Indu$	"二产"占比	第二产业产值/GDP
$Third-Indu$	"三产"占比	第三产业产值/GDP
$Technology$	技术水平	财政预算内教育支出/财政预算内支出
$Infrastructure$	基础设施	已建成道路面积/总人口
$Finance$	金融结构	总存款余额/总贷款余额

由表 2-2 中的变量描述性统计可以看出，总体而言，处理组的绿色全要素生产率比对照组略高，表明处理组的 34 个城市可能比对照组的 132 个城市更注重环境与经济的协调发展，而对照组的 132 个城市在发展经济过程中消耗了更高的环境成本。在匹配以前，处理组的人均实际 GDP、外商直接投资、产业结构、基础设施以及技术水平等指标均在 1% 的统计水平上显著高于对照组，表明处理组和对照组的样本在这些可能影响绿色全要素生产率的变量上确实存在显著差异，因而，有可能是这些差异导致了处理组和对照组样本的绿色全要素生产率差异，从而干扰关于排污费上调对绿色全要素生产率影响的准确估计。为了避免样本选择偏误所造成的政策内生性问题，本章以上述七个关键变量作为影响排污费上调政策执行的协变量，根据每个个体的倾向得分进行核匹配，重新选定处理组和对照组范围。表 2-2 的最后两列显示，

匹配前初始样本中处理组和对照组在这七个协变量上都存在显著差异，但经过 PSM 后，重新选定的处理组和对照组样本在这七个协变量上都不再有显著差异，由此可见，PSM 方法较好地平衡了处理组和对照组样本，在此基础上可以通过 DID 模型进一步估计排污费上调政策的经济效应。

表 2-2　　　　　　　　主要变量描述性统计

变量名称	总体	处理组	对照组	匹配前均值差	匹配后均值差
GTFP	1.038 (0.251)	1.084 (0.296)	1.027 (0.237)	—	—
Per-GDP	10.033 (0.738)	10.439 (0.702)	9.928 (0.710)	0.511*** (72.4)	0.074 (10.5)
FDI	11.226 (2.372)	12.129 (1.253)	10.994 (2.531)	1.135*** (56.8)	-0.041 (-2.1)
Second-Indu	0.503 (0.106)	0.531 (0.080)	0.496 (0.111)	0.035*** (36.3)	-0.007 (-7.4)
Third-Indu	0.349 (0.084)	0.361 (0.079)	0.346 (0.084)	0.014*** (17.7)	0.008 (10.2)
Technology	0.197 (0.046)	0.204 (0.046)	0.195 (0.045)	0.010*** (21.1)	0.005 (10.3)
Infrastructure	10.251 (7.321)	16.035 (11.477)	8.761 (4.764)	7.274*** (82.800)	-0.528 (-6.000)
Finance	1.894 (0.981)	1.709 (0.610)	1.942 (1.050)	-0.233*** (-27.1)	-0.014 (-1.7)

注：此处使用核匹配法进行匹配；均值差 = 处理组均值 - 对照组均值；括号内为 t 值；*、**、*** 分别表示在 10%、5%、1% 的显著性水平。

第四节　实证结果与稳健性检验

一、基准回归

1. 倾向得分匹配

首先，使用 logit 回归估计各协变量的倾向得分。由表 2-3 的 logit 回归结果可知，人均实际 GDP、外商直接投资、基础设施、金融结构与技术水平这五个协变量都至少在 5% 的统计水平下显著影响城市是否实施排污费上调政策，这与现有理论和实证文献的结论一致，即经济越发达、外商投资越活跃、基础设施建设与金融结构越完善、技术越先进的地区，政策制定者更倾向于实施更严格的环境规制，以实现从传统资源消耗型发展向新型环境友好型发展的战略转型。而在那些经济基础比较薄弱的地区，政府面临的主要问题是如何促进 GDP 增长，如果贸然实施严格的环境规制，会加重企业的生产成本和经营压力，不利于 GDP 的稳定增长，因此，这些地区会选择暂缓上调排污费。而产业结构对是否实施排污费上调政策并无显著影响，但根据现有文献，产业结构会对绿色全要素生产率产生一定影响，因此，本章仍然把产业结构作为重要协变量放入回归方程。

随后，以政策执行之前的 2006—2007 年作为基期，利用 logit 回归获得的各协变量回归系数，计算各样本的倾向得分，并采用核匹配法对处理组与对照组样本进行二次取样，使得协变量在处理组和对照组之间的分布更加均衡。从表 2-4 的基期核匹配结果可知，在全部 332 个样本中，对照组和处理组分别有 60 和 22 个样本在共同取值范围之外，其余 250 个样本均在共同取值范围之内。由此可见，本章的 PSM 过程仅损失少量样本，不会对整体数据的完整性产生显著影响。

表 2-3　　　　　　　　　logit 回归结果

变量	回归系数	稳健标准误	z	p>|z|	95% 置信区间	
$Per-GDP$	1.344***	0.454	2.96	0.003	0.454	2.233
FDI	0.276***	0.079	3.49	0.000	0.121	0.431
$Second-Indu$	1.043	3.228	0.32	0.747	-5.284	7.371
$Third-Indu$	-0.102	4.145	-0.02	0.980	-8.226	8.022
$Technology$	6.742**	2.879	2.34	0.019	1.100	12.385
$Infrastructure$	0.298***	0.041	7.33	0.000	0.218	0.377
$Finance$	-1.031***	0.324	-3.18	0.001	-1.665	-0.396

注：*、**、*** 分别表示在 10%、5%、1% 的显著性水平。

表 2-4　　　　　　　　　匹配结果概况

	共同取值范围外	共同取值范围内	总计
对照组	60	204	264
处理组	22	46	68
合计	82	250	332

由图 2-2 可以看出，所有协变量的标准化偏差在匹配后都比匹配之前显著减小，说明 PSM 剔除了原样本中偏差较大的奇异值，提高了匹配后样本的可信度。图 2-3 直观展现了表 2-4 的结果，即大多数匹配样本都在共同取值范围内，在以上 PSM 过程中仅损失较少量样本，满足倾向得分匹配的重叠假定条件。

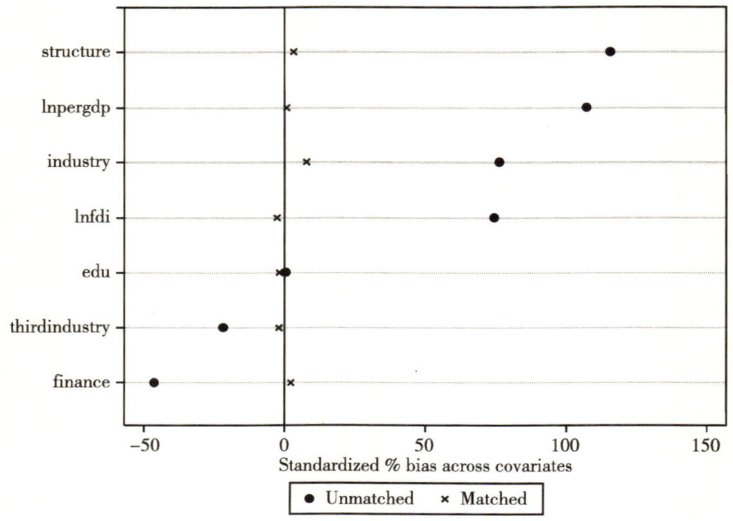

图 2-2　匹配前后各协变量标准化偏差变化

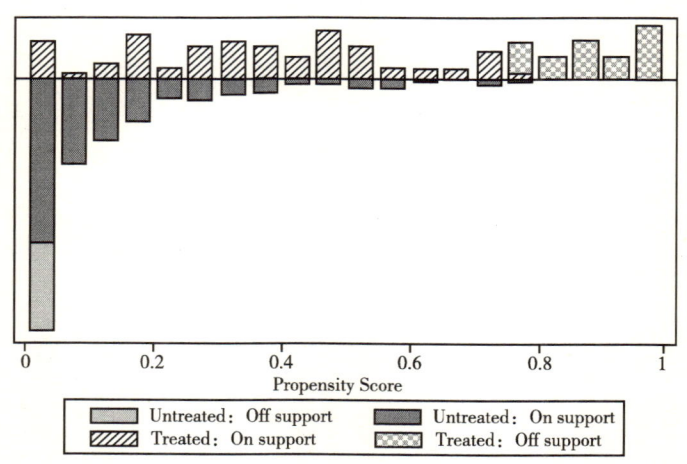

图 2-3　倾向得分的共同取值范围

根据表 2-5，匹配后各协变量在处理组与对照组之间的标准差显著减小，标准差缩减的比例平均在90%左右。t检验的结果显示，匹配前有5个协变量在处理组和对照组之间均存在显著差异，而匹配后处理组和对照组样本在所有协变量上均不存在显著差异，进一步表明匹配后各协变量在处理组和对照组之间的分布更加平衡。

对比图2-4和图2-5可以发现，通过PSM将处理组中倾向得分值超出共同取值范围的样本进行剔除，然后，在共同取值范围内的样本中，通过核匹配法选择倾向得分值相近的样本，计算双重差分估计量，从而剔除了初始禀赋差异过大造成倾向得分值偏差较大的样本，可以解决样本选择偏误所造成的政策内生性问题。

表2-5 匹配前后协变量在处理组和对照组之间差异的统计检验

变量	匹配前匹配后	均值		标准差	标准差缩减百分比	t检验	
		处理组	对照组			t	p > |t|
Per - GDP	匹配前	10.067	9.471	108.6	—	8.07	0.000
	匹配后	9.895	9.874	3.8	96.5	0.20	0.844
FDI	匹配前	11.894	10.631	65.8	—	4.29	0.000
	匹配后	11.446	11.313	6.9	89.5	0.29	0.771
Second - Indu	匹配前	0.544	0.472	71.7	—	4.86	0.000
	匹配后	0.527	0.529	-1.9	97.4	-0.09	0.926
Third - Indu	匹配前	0.339	0.351	-15.0	—	-1.10	0.272
	匹配后	0.344	0.340	5.1	65.9	0.24	0.808
Technology	匹配前	0.193	0.197	-7.4	—	-0.53	0.599
	匹配后	0.192	0.191	1.2	84.2	0.06	0.953
Infrastructure	匹配前	13.314	7.252	111.0	—	9.86	0.000
	匹配后	10.703	10.777	-1.3	98.8	-0.10	0.924
Finance	匹配前	1.485	1.961	-51.8	—	-3.19	0.000
	匹配后	1.615	1.588	2.9	94.3	0.22	0.827

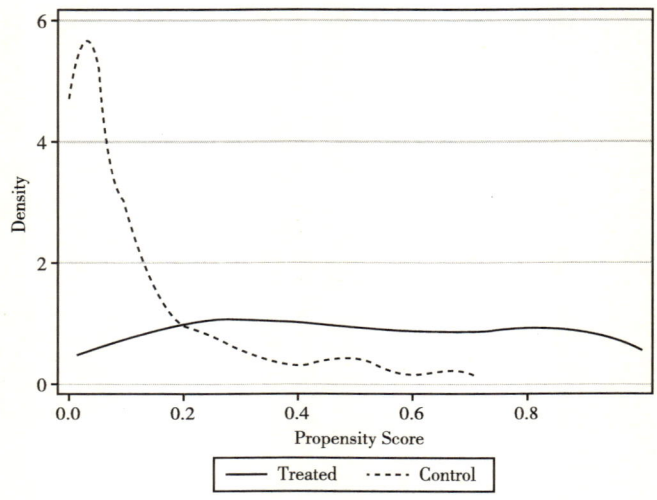

图 2-4　匹配前倾向得分值核密度

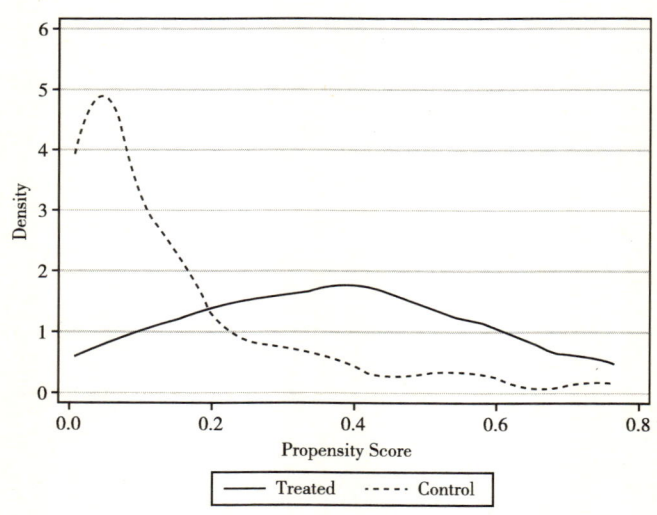

图 2-5　匹配后倾向得分值核密度

2. DID 估计

笔者对匹配后的处理组和对照组样本进行 DID 估计,来考察排污费上调政策对绿色全要素生产率的影响。为避免由于匹配方法的主观选择而影响估计结果的稳健性,分别使用核匹配法和卡尺匹配法进行匹配。表 2-6 中第 1 列为采用核匹配的估计结果,第 2 列为采用卡尺匹配的估计结果,可见无论采用哪种方法进行匹配,双重差分估计量 $Fee \times Time$ 的系数均显著为负,表明排污费上调会显著抑制地区绿色全要素生产率的提升。本章将在后续的机制检验中对传导机制作进一步分析。

其他控制变量方面,人均实际 GDP 和技术水平对绿色全要素生产率存在显著的负向影响,反映出现阶段中国许多地区尚处于倒"U"环境库兹涅茨曲线拐点的左侧,经济高速增长伴随着更严重的环境污染,对资源存在很强的依赖,属于资源驱动型经济增长,而不是创新驱动型经济增长,因此,这些地区的全要素生产率可能还在持续增长,但是,考虑环境成本的绿色全要素生产率增长却受到抑制,这一结论与陈诗一、戈利(2014)关于中国工业绿色全要素生产率的研究结论一致。外商直接投资在 1% 的统计水平上正向促进绿色全要素生产率提升,这可能是因为外商直接投资流入会驱使地方政府提高环境规制水平,同时,由于发达国家环境监管较严,外商投资的生产厂区在生产过程中往往会遵循较严格的企业内部统一排放标准,从而推动绿色全要素生产率的提升。基础设施建设作为经济发展的基础保障,也对绿色全要素生产率的提升起到促进作用,说明完善基础设施建设能有效提高经济运行效率，并有利于吸引更优质的企业入驻，进一步促进绿色发展。代表产业结构的两项指标的显著性存在差异，"二产"占比对绿色全要素生产率影响不显著，但系数为正，"三产"占比在10%的统计水平上显著为负，这可能是由于产业结构优化对绿色全要素生产率的影响，主要体现在高污染行业和低污染行业的行业规模变化方面，简单以第二产业和第三产业的规模作为划分标准不能准确地度量产业结构对绿色全要素生产率的影响，基于行业层面的影响有待进一步研究。

表 2-6　　回归结果

变量	基准回归结果		稳健性检验结果				
	核匹配	卡尺匹配	排除其他政策影响		时间安慰剂检验		替换指标
	(1)	(2)	(3)	(4)	(5)	(6)	(7)
Fee	0.131 (1.50)	0.116 (1.50)	0.277** (2.36)	0.123 (1.55)	0.032 (0.44)	0.015 (0.36)	0.079*** (3.23)
Time	-0.011 (-0.37)	-0.027 (-0.98)	0.128 (1.26)	-0.019 (-0.70)	-0.223*** (-4.40)	0.065** (2.11)	0.059*** (2.64)
Fee × Time	-0.165* (-1.80)	-0.143* (-1.83)	-0.298* (-1.78)	-0.147* (-1.82)	-0.065 (-0.87)	-0.063 (-1.27)	-0.086** (-2.40)
Per-GDP	-0.078* (-1.88)	-0.068* (-1.80)	-0.134 (-1.53)	-0.084** (-2.02)	0.034 (0.78)	-0.044 (-1.22)	-0.015 (-0.50)
FDI	0.024*** (4.75)	0.025*** (5.83)	0.049** (2.32)	0.023*** (5.22)	0.024*** (3.50)	0.021*** (4.04)	0.012*** (2.60)
Second-Indu	0.199 (0.64)	0.213 (0.82)	0.076 (0.16)	0.309 (1.08)	-0.292 (-0.83)	0.010 (0.04)	0.719*** (3.66)
Third-Indu	-0.670* (-1.76)	-0.597* (-1.86)	-0.849 (-1.25)	-0.496 (-1.41)	-1.370*** (-2.61)	-0.684** (-2.19)	0.684** (2.54)

续表

变量	基准回归结果		稳健性检验结果				
	核匹配	卡尺匹配	排除其他政策影响		时间安慰剂检验		替换指标
	(1)	(2)	(3)	(4)	(5)	(6)	(7)
$Technology$	-0.711** (-2.17)	-0.540* (-1.81)	-1.756*** (-2.67)	-0.524* (-1.68)	-0.189 (-0.51)	-0.667 (-2.30)	0.130 (0.63)
$Infrastructure$	0.007* (1.96)	0.010*** (3.00)	0.012* (1.66)	0.011*** (2.86)	0.008*** (1.99)	0.005 (1.46)	0.003 (1.51)
$Finance$	0.021 (1.05)	0.019 (1.18)	-0.075 (-1.24)	0.016 (0.86)	0.044* (1.78)	0.012 (0.73)	-0.023 (-1.33)
$\_cons$	1.751** (4.84)	1.550** (4.91)	2.506*** (3.39)	1.639*** (4.83)	1.167*** (3.02)	1.508*** (5.14)	0.404* (1.91)
观测值	560	571	219	517	560	560	517
R^2	0.07	0.09	0.13	0.05	0.06	0.04	0.18

注：列1为用核匹配法进行PSM后的估计结果；列2为用卡尺匹配法进行PSM后的估计结果；列3为从样本中剔除"两控区"城市后的回归结果；列4为从样本中剔除排污权交易试点城市后的回归结果；列5为将政策执行时间提前1年的回归结果；列6为将政策执行时间提前两年的回归结果；列7为替换关键指标后的回归结果。括号内为t值。*、**、***分别表示10%、5%、1%的显著性水平。

二、稳健性检验

1. 排除其他政策的影响

2000年发布的《国务院关于环境保护若干问题的决定》和《国家环境保护"九五"计划和2010年远景目标》提出，将二氧化硫污染严重的地区和酸雨污染严重的地区划为"两控区"，在"两控区"范围内的城市通过减少高硫燃料的使用、关停大型火电厂以及提高企业废气排放标准等措施，力争大幅度削减"两控区"内二氧化硫排放量。另外,国务院自2007年以来在天津、河北、内蒙古等11个省、市开展二氧化硫排污权有偿使用和交易试点,尝试通过排污权市场化交易减少二氧化硫排放量。这两项政策与本章关注的二氧化硫排污费上调政策具有相似的政策意图,可能会对本章的基准结论产生一定干扰,因此,笔者分别将划入"两控区"和排污权交易试点范围内的城市从样本中剔除后重新进行检验,结果分别见表2-6第3列和第4列。

对比表2-6前4列可发现,从样本中剔除"两控区"城市后,交互项$Fee \times Time$的系数仍然显著为负,并且系数有所增大。而剔除排污权交易试点省、市后,交互项$Fee \times Time$的系数仍显著为负,并且绝对值变化很小,可能是由于排污权交易试点省、市的交易市场体量较小且交易频率较低,从而造成该政策对于绿色全要素生产率的影响未完全显现出来。总体来说,排除"两控区"政策和排污权交易试点政策之后,回归结论并无较大改变,证实基准结果是稳健的。

2. 反事实检验

为了检验绿色全要素生产率的变化确实是因为二氧化硫排污费上调政策所造成的,而不是其他已存在的政策因素或者环境变化所造成的,下文分别进行时间安慰剂和地区安慰剂的反事实检验。

(1) 时间安慰剂检验

分别将排污费上调政策的执行时间提前1年和2年,相应地调整时间虚拟变量$Time$的取值,并基于这种假想的政策,对执行时间进行PSM-DID估计,如果交互项$Fee \times Time$的估计系数不显著,则证实绿色全要素生产率的变化并非由其他已经存在的因素所造成。估计结果分别见表2-6第5列和第6列,可知将二氧化硫排污费上调政策的执行时间无论是提前至2007年还是提前至2006年,双重差分法估计量的系数均在10%的统计水平上不显著,证明处理组与对照组样本在2008年前后绿色全要素生产率的差异是由排污费上调所造成的,基准结论具有较强的稳健性。

(2) 地区安慰剂检验

地区安慰剂检验的基本思路是在样本中随机指定34个城市作为处理组,其他城市作为对照组,以此重新设定分组虚拟变量Fee,其他的时间虚拟变量和协变量保持不变,然后重新进行PSM-DID估计,并将此随机抽样估值过程重复200次,得到的交互项$Fee \times Time$估计值的核密度图如图2-6所示。从图2-6可知,200次随机抽样所得到的交互项估计系数非常近似于正态分布,而基准

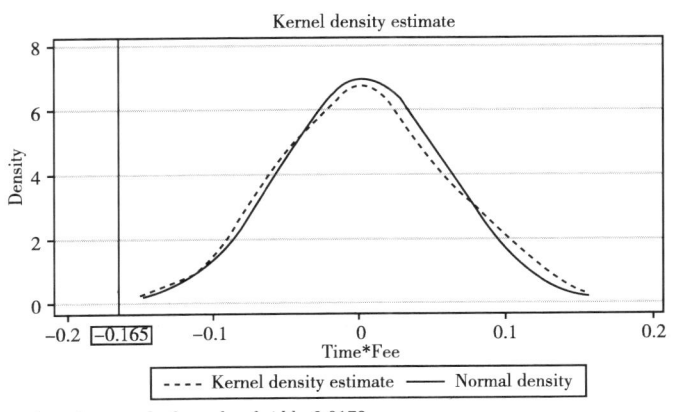

图2-6 200次随机指定处理组的交互项估计系数的核密度

回归中依据核匹配法匹配后进行估计所得到的交互项的估计系数为 -0.165，处于图 2-6 所示正态分布曲线的左侧处，与随机分组得出的交互项系数分布范围差距较大，证明是排污费上调政策导致原始样本中处理组与对照组样本绿色全要素生产率的显著差异。

（3）替换关键指标

笔者使用废水、废气以及固体废弃物排放量率"三废"综合指标替换二氧化硫排放量，重新计算绿色全要素生产率，并使用新的绿色全要素生产率作为被解释变量进行 PSM-DID 估计。表 2-6 第 7 列的回归结果表明，二氧化硫排污费上调政策对于新的绿色全要素生产率仍然具有显著抑制作用，影响系数为 -0.086，但其绝对值小于基准回归结果，这说明二氧化硫排污费上调政策对绿色全要素生产率产生的抑制作用主要是通过减少二氧化硫排放来实现，再次证实基准回归结果的稳健。

3. 异质性检验

考虑到城市的经济发展水平、产业结构和技术水平的不同，可能会影响到排污收费制与绿色全要素生产率之间的关系，本章从这三个方面进行异质性检验。具体来说，将所有样本按这三个指标从高到低进行排序，分为对应指标较高组和较低组，并分别对高、低两组样本进行 PSM-DID 检验，然后，比较交互项的回归系数，以考察是否具有异质性效应。

表 2-7　　　　　　　　　　异质性检验结果

GTFP	经济发展水平		二产占比		技术水平	
	低	高	低	高	低	高
Fee	-0.050 (-0.87)	0.212** (2.26)	0.069 (0.92)	0.319** (2.21)	0.241** (2.22)	-0.118 (-1.30)
Time	-0.128** (-2.59)	0.021 (0.26)	0.005 (0.10)	0.002 (0.02)	0.039 (0.57)	-0.230 (-1.46)
Fee × Time	0.167*** (2.72)	-0.198* (-1.90)	-0.967 (-1.07)	-0.252** (-2.00)	-0.140* (-1.90)	0.196 (1.23)
_cons	1.629*** (4.03)	1.392 (1.01)	1.685*** (3.61)	2.600** (2.53)	1.806* (1.96)	0.942 (1.46)
协变量	Yes	Yes	Yes	Yes	Yes	Yes
观测值	280	280	280	280	280	280
R^2	0.11	0.05	0.04	0.09	0.08	0.03

注：括号内为 t 值；*、**、*** 分别表示 10%、5%、1% 的显著性水平。

由表 2-7 中交互项的回归系数可判断，排污费上调政策对绿色全要素生产率的显著抑制作用主要是集中在经济发展水平较高、"二产"占比较高以及技术水平较低的地区。这可能是因为，经济水平较发达的地区往往工业化程度更高，对环境规制强度的增加更敏感。而"二产"占比相对较低的地区可能本身的经济主体以服务业为主，相对而言，环境规制措施的加强对他们的影响并不明显。从技术水平来看，技术较先进的地区可能自身已经在污染物减排方面保有一定的技术领先优势，"创新补偿效应"的作用使得排污费上调政策对他们影响不大。相反，对那些生产技术较落后的地区而言，排污费上调会直接提高企业污染物减排成本，压缩企业利润空间，并提高企业生存压力，从而"遵循成本效应"占据主导地位,因此,这些地区受排污费上调政策的影响更显著。

第五节 机制检验

如前所述,排污收费制可能会通过影响外商直接投资流入、产业结构调整和企业技术创新等三种机制对绿色全要素生产率产生影响。本节将对这三种潜在机制进行检验,基本的思路是,将外商直接投资、产业结构和技术水平分别作为结果变量,并按照基准回归的方法进行 PSM – DID 估计,考察排污收费制是否对这三种机制有显著影响。表 2 – 8 的机制检验结果显示,排污费上调政策对外商直接投资流入并无显著影响,其原因在于:一方面,加强环境规制会造成外商投资企业运营成本上升和投资风险加大,所以,部分外商投资会流向环境规制强度相对较弱的地区。另一方面,环境规制强度的提升也代表地区综合素质的提高,使得该地区对于低污染行业以及较高废气处理水平的外商投资具有更强的吸引力。以上两方面的综合影响,导致排污费上调政策对于外商直接投资的影响系数不显著。排污费上调政策对产业结构的影响主要体现在导致"二产"占比显著下降,其原因在于,环境规制的加强会造成企业生产成本上升,逼迫高污染企业向低污染企业实施战略转型,或者向环境规制较弱的地区迁移,从而实现本地区产业结构的调整。排污费上调政策显著促进技术水平上升,表明环境规制的加强会促使企业通过加大研发投入而实现技术创新,也证实波特效应的存在。

表 2 – 8　　SO_2 排污费上调政策对绿色全要素生产率影响机制检验

变量	FDI	Second – Indu	Third – Indu	Technology
Fee	0.337 (1.12)	-0.007 (-0.58)	0.008 (0.74)	0.005 (0.70)
$Time$	-0.058 (-0.22)	-0.023*** (-2.85)	-0.011* (-1.90)	-0.001 (-0.02)
$Fee \times Time$	-0.312 (-0.98)	-0.018*** (-3.48)	0.014 (0.93)	0.033*** (5.80)
_cons	-2.427 (-0.97)	-0.107* (-1.87)	0.345*** (5.44)	0.444*** (12.54)
协变量	Yes	Yes	Yes	Yes
观测值	560	560	560	560
R^2	0.19	0.81	0.49	0.15

注:括号内为 t 值。*、**、*** 分别表示 10%、5%、1%的显著性水平。

从机制检验的结果来看,排污费上调有利于提升技术水平,但基准回归显示,技术水平的提升从整体来看,却对绿色全要素生产率产生显著的负向影响,因此,综合来看,二氧化硫排污费上调通过技术水平这一潜在渠道对绿色全要素生产率产生抑制作用。这可能是由于目前我国企业整体生产技术水平仍处于"倒 U 型"环境库兹涅茨曲线的拐点左边阶段,企业技术水平的限制导致"创新补偿效应"发挥的作用弱于"遵循成本效应",技术水平较低的企业为了应对环境成本的上升而减少技术创新投入,造成污染排放的增加,从而削弱了高技术水平的企业通过技术创新实现的污染减排效果,呈现出总体上随着排污费上调,生产过程中产生的环境污染反而在加重，综合资源利用率下降，最终抑制绿色全要素生产率的提升。

尽管排污费上调政策对产业结构的调整起到显著作用，会导致"二产"占比下降，但基准回归结果显示，"二产"占比对绿色全要素生产率的提升不存在显著影响，因此，产业结构这一潜在机制并没有发挥作用。这可能是由于不同行业对二氧化硫排污费上调政策的敏感程度存在较大差异，产业结构的中介机制所起到的作用还需要通过行业细分来进一步深入分析。

第六节 小 结

本章基于中国部分地区上调二氧化硫排污费的准自然实验，使用 PSM 与 DID 相结合的方法，考察了排污收费制对地区绿色全要素生产率的影响，并深入分析了潜在影响机制。实证结果显示，排污费上调政策对地区绿色全要素生产率产生显著的抑制作用，政策执行的实际效果与预期相反，该结论经过一系列稳健性检验之后仍然成立。从理论上来说，排污收费制可能会通过影响外商直接投资流入、产业结构调整和企业技术创新等三个渠道而对绿色全要素生产率产生影响，但机制检验结果证实，仅有技术水平这一机制具有显著影响。具体来说，排污费上调政策虽然能促进企业技术进步，但目前中国大部分企业的技术处于较低水平，没有跨越"倒 U 型"环境库兹涅茨曲线的拐点，因此，随着企业生产技术的提高，单位产出造成的环境污染排放不降反升，从而在总体上表现为地区绿色全要素生产率的增长率受到抑制。尽管排污收费制会导致产业结构调整，但目前中国的产业结构变化并没有对绿色全要素生产率的提升造成显著影响，因此，这一潜在机制并未有效发挥作用。此外，排污费上调政策对绿色全要素生产率的抑制作用并非一成不变，本章通过异质性检验发现，排污费上调政策在经济发展水平较高、"二产"占比较高，以及技术水平较低的地区的抑制作用比较明显。

党的十九大报告要求坚持节约资源和保护环境的基本国策，实施最严格的生态环境保护制度，并将"污染防治"列入三大攻坚战，作为重点工作目标，可以预见，短期内中国的各项环境规制强度还将提升到前所未有的高度。结合实证研究结论，本章提出如下政策建议。

首先，环保政策的制定需开展专业细致的调研与论证，避免"一刀切"式环保政策的出台。环境污染的治理由于地区禀赋的差异不能一概而论，例如本章所研究的二氧化硫排污费上调政策，在某些地区可能产生促进作用，在其他地区却可能产生抑制作用。因此，应根据各地区的实际情况量体裁衣，制定既不影响当地经济发展趋势，又能够起到逐步降低污染程度的环保政策，通过完善的长期减排机制引导企业逐步提高环保意识，完成环保目标，从而实现绿色发展。

其次，在三种潜在的影响机制中，仅有技术水平这一机制产生实际影响，而且技术水平对绿色全要素生产率起抑制作用，未能发挥促进绿色全要素生产率的预期作用。因此，政府应大力支持企业的技术创新，提升其技术水平，争取跨过环境库兹涅茨曲线的拐点,并最终达到通过环境规制促进企业技术创新,进而提升绿色全要素生产率的目标。另外,尽管外商直接投资能有效提升绿色全要素生产率水平,但排污收费制并没有刺激外商直接投资流入。政府应提高外商直接投资流入水平,改善生态环境质量,争取早日实现生态招商。

最后,环境规制量化指标的确定需要经过更为科学的测算。本章研究的二氧化硫排污费上调政策中,上调幅度仅仅只是采取了简单的单价翻倍策略,没有科学测算上调幅度与预期效果之间的关联,这也可能是该政策最后取得的实际效果并不理想的原因之一。经济发展和环境污染之间的交互作用存在复杂的动态关系,环境规制强度的确定既要考虑自然环境对于污染排放的承受能力,也要考虑经济个体对于高强度环境规制的适应能力,过高的环境规制强度有可能会造成经济发展陷入一潭死水的萧条局面。因此,环境规制强度并非越高越好,如何根据当前经济发展状况和环境资源禀赋选取合适的环境规制强度及指标,应当是制定环保政策时必须考虑的关键问题,将直接影响政策效果的好坏。

第三章
排污权交易制度与污染物排放强度

第一节 引言与文献综述

一、引言

从全球范围来看,绿色发展已经成为一个重要趋势,但如何实现绿色发展却是世界各国发展过程中共同面临的难题。从政策实践来看,大多数国家试图通过严格的环境规制来实现经济增长与环境保护的双重目标,但政策效果表现各异。在市场体系尚未建设完善和健全的地区,尤其是以中国为代表的发展中国家,为了缓解经济发展带来的环境污染问题所施行的环境规制工具以命令控制型为主,即通过制定企业生产过程中必须遵守的排污标准和技术规范,以立法的形式强制影响企业的排污行为。然而,命令控制型环境规制工具主要依赖政府的直接干预,从效率上讲远远不如以市场为基础的激励型环境规制工具。

随着中国经济的增长,环境问题越来越成为制约持续发展的因素,新常态以来,尽管面临经济增速放缓和环境污染日益严重的问题,中国政府仍然多次在五年规划中将环境保护与污染物减排工作提上议程。"十五"规划提出了全国污染物减排的总量指标，并将总体指标分解到各省、自治区、直辖市及计划单列城市，并全部纳入《国民经济和社会发展第十个五年计划纲要》（下文简称为《纲要》）。相比前几次五年规划而言，"十五"规划在环境保护方面已取得较大进展，但并未完成《纲要》提出的全部目标。在"十一五"期间，中央政治局和国务院首次把环境保护提到战略高度，强调在落实科学发展观的同时，将污染防治作为环保工作的重中之重，特别是二氧化硫和化学需氧量（COD）两项主要污染指标首次作为约束性指标纳入五年规划。相应的，酸雨控制区和二氧化硫污染控制区（简称"两控区"）、排污权交易和排污收费试点等环境规制政策陆续出台。

其中，本章所关注的排污权交易试点政策于2007年在全国11个试点省、市开展，事实上，早于此前就已经存在二氧化硫排放权交易，最初的尝试始于20世纪90年代。为控制酸雨问题，中国政府引入排污权交易，由于条件不成熟，直到2001年9月江苏南通市才顺利实施首次二氧化硫排污权交易，交易双方在此后6年间完成二氧化硫排放权交易量达1800吨。[①] 2002年，国家环保局联合美国环境保护协会，在山东省、江苏省、山西省、河南省、上海市、天津市、柳州市部分地区与中国华能集团合作开展"推动中国二氧化硫排放总量控制及排污交易政策实施的研究项目"，即"4+3+1"项目。2007年，排污权交易试点政策在此基础上开展。但由于试点范围相对小，"4+3+1"项目并没有显著的影

---

① 详见 http://www.tanpaifang.com/paiwuquanjiaoyi/2017/11/2060891.html。

响。另外，由于环境规制强度不够和市场运转低效，并没有产生波特效应：推动经济增长同时改善环境（涂正革，谌仁俊，2015）。随着试点经验的积累与监测技术的逐步完备，试点范围不断拓展，污染物的界定也不再局限于二氧化硫，化学需氧量（COD）、氨氮化合物（NH4 - Nx）、氮氧化物（NOx）也被纳入污染物减排范围，部分地区如湖南更将重金属污染纳入污染物范围，山西和青岛将烟尘纳入污染范围中。2007 年，浙江嘉兴成立首个排污权交易中心，标志着中国排污权交易走向制度化和规范化，此后，排污权交易规模也在逐步提高，对中国绿色环保的经济转型发现有着深远意义。2014 年，国务院办公厅发布《国务院办公厅关于进一步推进排污权有偿使用和交易试点工作的指导意见》（国办发〔2014〕38 号）①，指出 2007 年以来，国务院有关部门组织天津、河北、内蒙古等 11 个省（区、市）开展排污权有偿使用和交易试点，取得了一定进展。但和已经形成全国统一的碳排放交易市场相比，进展依然缓慢，各个地区在污染物具体界定、交易方式和规模方面存在较大差异。

排污权交易是在一定区域内，在由政府来限定污染排放总量的前提下，内部各污染源之间通过货币交换的方式相互调剂污染量，从而在减少污染排放量、保护自然环境的同时，减少限制污染排放造成的经济损失。该制度的思想基础源自制度经济学的产权理论以及外部性理论，Montgomery（1972）的研究表明，清晰的产权界定后，排污权交易市场能够达到环境质量的标准均衡，

---

① 详见 http://www.gov.cn/zhengce/content/2014 - 08/25/content_9050.htm。

并在特定条件下,排污权市场配置效率不受最初的配置影响。其理论后来也进一步证明市场均衡的存在,在竞争均衡中区域内的联合环境成本将达到最小值。事实上,有学者通过构建 DEA 模型进行核算发现,全面实行二氧化硫排污权交易机制后可实现 GDP 增速加倍、污染物排放减半的绿色发展目标(涂正革,傅立权,2016)。本章基于排污权交易制度的初衷——在限制污染排放的同时尽可能减少经济损失,旨在通过实证检验完善经济理论,并考察中国排污权交易制度全面实施以来的实效。

二、文献综述

传统的环境管理政策主要采取政策强制和污染收费两种方式。前者倾向于"一刀切",没有考虑不同企业的减排成本和能力,后者源自庇古税(袁向华,2012),即根据污染所造成的危害程度对排污者征税,将污染的外部性问题内部化,以此来平衡排污者生产的私人成本和社会成本,但由于信息不对称,不同企业减排的边际成本存在差异,因此,费用设定难免伤害部分企业的生产效率。而排污权交易则通过将排污权作为一种产品进行市场化交易,从而解决信息不对称的问题。和排污权交易制度发展的历程相一致,关于排污权交易的研究基本循着从理论走向实践的过程。

最初,关于排污权交易的理论研究主要专注于该制度的经济学理论逻辑以及法律基础,其中,排污权交易的经济学背景主要是外部性理论和产权理论,Dales(1968)提出排污权交易理论之后,在美国应用于空气污染防治,目前,已经发展到区域温室气体排放交易，并成功实现了酸雨、汽油中铅添加剂以及其他区域环境问题的治理。中国引进排污权交易，一般被认为分为启蒙认识（1982—1994 年）、发展（1994—2007 年）和成熟（2007 年以来）三个阶段（于杰等，2014），初期的研究主要关注对排污权交易的理论分析和对美国等国家经验的介绍，并反思以控制为主的环境管理政策（李君嘉，1989），阐述这些地区政策实施过程和绩效（茅于轼，1990），并逐步淡化对排污权交易制度优越性和可行性的关注，开始对相关制度设计进行探讨（向弘剑，1993）。1994 年后，随着国内排污权交易逐步走向实践，不少学者开始对二氧化硫排污权试点的少数地区总结经验和分析绩效（王小军，2005）。另外，政策实践的法律需求也逐步引起了对排污权法律属性和特征的研究（吕忠梅，2000），经济学角度则更多地结合博弈论（陈德湖，2006）、交易成本理论以及期权理论（张华伦，吴睿超，2009）等对相关制度设计建言献策。2007 年以来，排污权交易试点在 11 个省市展开，标志着这项制度开始走向成熟，目前，对于中美排污权交易制度的比较和经验总结依然在继续（魏圣香，王慧，2013），但总体而言仍然集中于总量控制、排污权定价、市场结构等问题研究。还有部分研究关注排污权交易制度的影响，如对财税管理的影响（王红艳等，2018），二氧化硫排污权交易对绿色发展的影响（傅京燕等，2018）。值得一提的是，傅京燕等人利用省级面板数据实证结果证明，排污权交易制度对绿色发展的影响十分微弱，区域要素禀赋、能源结构和产业结构阻碍了绿色发展。部分学者对排污权交易制度效果的研究结论却不尽一致，Wang 等人（2004）曾以 2002 年作为二氧化硫排放权交易政策的开始时点，实证评价二氧化硫排放权交易的政策效果，发现排污权交易制度几乎没有任何作用。然而，闫文娟等人（2012）基于双重差分模型，考察 2002 年至今二氧化硫排污权交易制度实施以来对单位 GDP 二氧化硫排放量的影响，结果发现效果虽然小，但是显著。

上述研究考察该制度对绿色发展的影响基本逻辑在于，排污权交易会激励企业增加研发强度，鼓励资本密集型产业促进区域第三产业的发展。笔者认为，排污权交易制度在排污总量控制环节的确有可能提高环境规制强度，从而对企业提高研发投入产生倒逼作用，但总量控制受人为因素影响，而且相比购买排污权，技术减排的成本并不一定更低，但通过技术研发减排最后失败的风险却明显更高，并且不是这项制度的核心部分。笔者认为，排污权交易的基本思想和目标在于，在污染总量控制的前提下提高污染物排放权的配置效率，降低环保的经济成本，这意味着从理论上来说，相比于命令控制手段和庇古税的方式，单位污染物排放的产出损失要更小，即排污权交易制度可以降低单位 GDP 的污染排放量，或者说，提高单位污染物所生产的 GDP。正是基于这样的逻辑，笔者用是否降低了单位 GDP 的污染物排放量来评价这项政策。在既有的研究基础上，本章的贡献在于：第一，相比于传统的 DID 和固定面板模型等方法，PSM – DID 有效地克服了模型内生性问题，并通过完备的稳健性检验以及机制检验对结论进行验证。第二，将政策时间确定为全面试点的 2007 年，而不是 2002 年，对政策的评价意义更大，并且，相比于以往基于省级面板数据的研究，本章基于地级市层面的数据进行实证，结论更加可靠。

第二节 理论机制

理论上排污权交易制度对污染物排放强度的影响主要有三种可能的途径：制度本身提高排污权的配置效率，激励技术减排和促进产业结构调整。

其中，第一种途径由于不同企业的技术水平不一样，减排成本存在差异，因此，减排成本较低的企业倾向于将多余的排污权卖给减排成本较高的企业，最终使得不同企业污染物减排的边际成本一致，从而提高污染物排放的配置效率。在总体污染排放量限定的情况下，能够最大化地稳定产出（余耀军，2004）。一般认为，在环境这种具有明显外部性的问题上，容易出现政府失灵，这是因为无论是命令控制型减排还是庇古税式减排，政府与企业之间的信息不对称都无法得到很好的解决，庇古税在排污问题上也无法形成硬性约束，费用设定过低则不足以实现排污量的约束，费用过高则会导致企业排污成本影响政策生产，导致产出下降。

而作为一种环境规制的方式，总量限定本身造成排污权的稀缺，因此，必然为微型企业带来排污成本，不同技术水平的企业会根据自身技术水平采取不同的应对措施进行成本控制。技术水平较低的企业通过增加自身研发投入实现减排的边际成本较高，因而，购买排污权的同时削减不必要的节能减排研发投入、进行成本控制，才能保证企业的继续运营，这种"遵循成本效应"使得排污权交易并没有起到降低单位 GDP 排污量的作用。而本身技术水平较高的企业通过自身研发投入实现减排的边际成本低于购买排污权的成本，此时，排污权交易会促进企业通过加大研发投入实现绿色技术创新，并提高生产过程中的资源利用率，这时"技术创新补偿效应"会推动单位 GDP 排污量的下降。相关实证研究表明，环境规制强度与企业技术水平呈"U"型关系（张成等，2011），与绿色全要素生产率之间整体也呈"U"型关系（殷宝庆等，2012）。

从产业结构方面来说，环境规制加强可能会通过调整生产要素配置、专业化分工、产业溢出效应以及提高高污染行业的进入门槛，推动产业结构调整，实现产业"绿色化"的效果（钱争鸣，刘晓晨，2015），并最终影响污染物的排放强度。对于以污染密集型制造业作为经济主体的地区，排污权交易的提高可能会进一步强化"遵循成本效应"的作用，造成环境污染问题更加严重（沈能，2012），反而促使污染物排放强度的提升。此外，环境规制强度对污染物排放强度的影响可能存在门槛效应，只有当环境规制强度介于某个门槛值范围内才会有利于工业发展方式向绿色化转型，规制强度过高或过低均不利于促进绿色发展（李斌等，2013）。由于第二产业的污染排放量相对较大，在排污权交易制度下，污染量总体控制给企业造成的排污成本相比第三产业更大，这虽然不一定会促进第三产业而抑制第二产业发展，但由于排污权交易制度对二者的影响存在差异，最终倾向于促使区域内第三产业的相对比重更大，达到调节区域产业结构的效果。

第三节 方法与数据

一、PSM – DID 方法

一般用双重差分（DID）评估政策或者项目的实施效应，但是，可能存在这样一种情况：处理组和对照组的形成并非自然随机选择的结果，而是两组样本自身就具有某些差异，导致了政策或者项目的实施，这些被作为协变量的因素成为实施效应的真实原因，进而使得政策或者项目的实施及其效应之间并不存在事实上的因果关系，即选择偏误。为解决这一问题，Rosenbaum 和 Rubin（1983）提出的倾向得分作为样本协变量之间的差异或距离的度量函数，以协变量为特征，匹配出处理组中与对照组相近的个体，并估计该个体若未进入处理组时结果变量的值，反之，匹配出对照组中与处理组相近的个体，并估计该个体若进入处理组时结果变量的值。通过估计得到的处理组样本未进入处理组情况下的结果、对照组样本进入处理组情况下的结果，进而识别政策或项目效应，解决选择偏误问题。

个体 i 的倾向得分定义为：在给定 x_i 的情况下，个体 i 进入处理组的条件概率，即 $P(x_i) \equiv P(D_i = 1 | x = x_i)$。其中，$x_i$ 表示可能影响个体 i 是否进入处理组的协变量，D_i 表示区分样本是否进入处理组的虚拟变量，即 $D_i = 1$ 表示样本属于处理组，$D_i = 0$ 表示样本属于对照组，通常使用形式灵活的 logit 模型估计倾向得分。

计算出个体的倾向得分之后,可以根据样本数据的特征,选择不同的匹配方法对处理组和对照组样本做出基于倾向得分的匹配再抽样,包括 K 近邻匹配、卡尺匹配、卡尺内最近邻匹配、核匹配、局部线性回归匹配和样条匹配等。由于篇幅限制,加之关于各种匹配方法效果比较类似,数学推导也不是本章的重点,因此,此处不赘述各种匹配方法的数理逻辑。

基于 PSM 得到的新的处理组和对照组样本,可以通过 DID 方法估计排污权交易对地区污染物经济效率产生的净影响,即 PSM – DID。本章构建基于 DID 方法的基准回归方程如下所示:

$$Y_{it} = \beta_0 + \beta_1 Treated_{it} + \beta_2 Time + \beta_3 Treated_{it} \times Time + \beta_4 X_{it} + \varepsilon_{it}$$

$$(3-1)$$

其中,被解释变量 Y_{it} 表示个体 i 在 t 时期的单位 GDP 污染物排放量的对数值;虚拟变量 $Treated$ 用来区分处理组与对照组,$Treated = 1$ 表示样本属于处理组,$Treated = 0$ 表示样本属于对照组;虚拟变量 $Time$ 用来表示排污权交易开始于试点的时间,$Time = 1$ 表示排污权交易开始于试点政策执行当年及以后年份,$Time = 0$ 表示排污权交易开始于试点政策执行之前的年份;交互项 $Treated \times Time$ 的系数 β_3 为本章重点关注的政策效应估计量;X_{it} 为相关控制变量,包括单位 GDP 能耗、外商直接投资占 GDP 比重、产业结构、技术水平、基础设施、政府规模、人口密度等;ε 为随机扰动项。由于不同地区的样本存在个体差异,样本之间初始禀赋(如地区经济发展水平、产业结构、基础设施、能耗情况等)的差异往往会影响制定政策时不同样本进入处理组的概率,因此，处理组的样本选择不严格满足 DID 方法的随机性假设，这种选择性偏误的存在必然会造成 DID 的估计结果产生政策内生性问题（陈林，伍海军，2015）。本章借鉴随机实验设计思想，尝试使用 PSM 方法对初始样本组进行二次抽样，剔除初试禀赋差异较大的样本，使样本数据尽可能地接近随机实验数据，以消除样本选择偏误所造成的政策内生性度量偏误，提高政策效应的估计精度。

二、变量选取与数据描述

1. 变量选取

2007 年以来，国务院有关部门组织天津、河北、内蒙古等 11 个省、区、市开展排污权有偿使用和交易试点，取得了一定进展。[1] 这也为研究制度经济学产权交易理论提供了良好的准自然实验。至今，排污权交易在中国已历经 12 年，在不同试点省、区、市形成了特色各异的排污权交易体系，初始排污权分配和出让定价方法差异大，市场层级、交易方式、交易标的、交易形式、交易规模、针对行业各不相同。事实上，江苏省早在 2002 年左右就存在零星的二氧化硫排放权交易的行为。[2] 但全国性试点之前规模较小，因此，政策评估意义较小。另外，试点政策出台之后，各地区政策执行进度也不尽相同，试点省、区、市在 2007 年至 2012 年间分别设立了专门的交易场所，2016 年，青岛被纳入国家排污

---

[1] 详见 http://www.gov.cn/zhengce/content/2014-08/25/content_9050.htm。

[2] 详见 http://news.sina.com.cn/c/2002-05-10/1741571937.html。

权交易试点城市。事实上，美国通过全球卫星观测系统对中国减排情况进行观测和分析，美方的观测结果显示，中国二氧化硫排放量在2007年下半年出现拐点，随后二氧化硫浓度大幅下降，这和中国环保部门的监测结果基本一致。由于各试点地区污染物范围界定不一，二氧化硫在各试点地区都作为污染物，并且和其他污染物往往相伴而生，另外，地级市层面数据可得性不高，本章以二氧化硫排放量代表污染物排放量，并将每万元GDP二氧化硫排放量作为污染物排放强度的衡量指标。

本章以2007年为排污权交易政策时点，以天津、河北、山西、内蒙古、江苏、浙江、河南、湖北、湖南、重庆、陕西等11个省、市、区为处理组，并为保持政策时点一致，剔除2016年才纳入试点范围的青岛市，样本包含276个地级市。

考虑到各地区之间经济发展水平与资源禀赋的异质性较强，而这些因素有可能对样本地区是否选择排污权交易试点造成影响，本章首先使用PSM方法，依据能源消耗强度、外商直接投资占GDP比重、产业结构、技术水平、基础设施、政府规模、人口密度等指标，剔除初始处理组样本和对照组样本组中差异较大的城市，仅保留初始条件相对比较接近的样本，构成新的处理组样本和对照组样本，从而避免样本选择偏误所造成的政策内生性问题。

在控制变量方面，笔者选取以下变量：（1）产业结构。分别用第二产业占比和第三产业占比衡量，由于不同产业的污染物排放量不一样，相对第三产业而言，第二产业会产生更多的污染物，因此，不同产业结构的地区污染物数量就会存在差异，从而影响单位 GDP 的污染物排放量。（2）能源消耗强度。用每万元 GDP 所消耗的标准煤来衡量单位 GDP 的能源依赖程度，由于能源消耗直接影响污染物的产生，能源消耗多的地区污染物排放量也更大，另外，单位 GDP 的能源消耗量也反映一个地区的能源使用效率，单位 GDP 的能源消耗越多，能源使用效率也越低。（3）技术水平。用每万人专利授权数衡量地区技术水平，其中，地级市层面的专利授权数以省级数据为基础，按照地级市企业数占比折算。一般技术水平更高的地区资源利用效率更高，从而降低 GDP 的能耗以及污染，提高污染物的经济效率。另外，技术水平和创新能力是经济增长的根本动力，单位 GDP 污染排放降低可能是技术进步带来的 GDP 增长造成，加入该变量可以避免拟合不足。（4）外资直接投资（FDI）。用 FDI 占 GDP 比重衡量，外商直接投资不仅是经济发展的一条重要融资渠道，更是引进国外先进技术和管理模式的一条绿色通道，因此，GDP 中的外商直接投资规模将直接影响单位 GDP 的污染排放量。（5）基础设施条件。用人均道路实铺面积来衡量，基础设施建设越完善，要素流动越便捷，可以降低生产成本，提高劳动生产率（Fedderke & Bogetic，2009），进而降低单位 GDP 的污染物排放量。（6）人口密度。以每平方公里人口数量表示。一方面，人口密度的增加，表明地区劳动力供给充足，为社会分工的细化提供了可能，从而影响地区生产效率。另一方面，人口密度的增加可能会给地区的环境承载力带来考验，污染物排放量随之增加，因此，人口密度对单位 GDP 的污染物排放量的影响是不确定的。（7）政府规模。以政府财政支出占 GDP 的比重表示。政府规模扩大可能是由地方政府过度追求 GDP 绩效造成的，从而影响资源配置效率，导致地区经济效率难以提高（周黎安，2004）。目前，环境治理的主力仍然是政府，由于缺乏完整的地级市层面污染治理投资数据，政府支出的相对规模近似替代对环境治理的投入力度（地级市的污染治理投资额数据不完整）。具体指标计算及其单位详见表 3-1。

表 3-1　　　　　　　主要变量及其计算方法

变量名称	变量含义	计算方法及单位
So_gdp	污染物排放强度	每万元 GDP 的二氧化硫排放量（吨）
$Treated$	处理组变量	执行政策地级市取 1，其他取 0
$Time$	政策执行时间变量	政策执行后取 1，政策执行前取 0
$Time \times Treated$	交互项变量	政策虚拟变量相乘
Sec_ind	第二产业占比	第二产业增加值占 GDP 的比重（%）
$Third\_ind$	第三产业占比	第三产业增加值占 GDP 的比重（%）
$Energy\_gdp$	能源消耗强度	每万元 GDP 所消耗的标准煤（吨）
Tec_pop	技术水平	每万人专利授权数（件）
Fdi_gdp	外商直接投资占比	外商直接投资与 GDP 之比（%）
$Infra$	基础设施水平	人均道路实铺面积（平方米）
Pop_area	人口密度	每平方千米人口数（人）
Fin_gdp	政府规模	政府支出规模与 GDP 之比（%）

通过对上述变量进行简单的描述性统计可以发现，全国范围内地级市在产业结构、GDP 能耗、人口密度、基础设施等方面存在显著差异，需要说明的是衡量政府规模的指标，政府支出占 GDP 比重超过 1 的城市是西宁等极少数城市且出现在少数年份，大部分城市政府支出占 GDP 比重低于 40%。详见表 3-2。

表 3-2　　　　　　　　所选变量的描述性统计

变量名	观测数	平均值	标准差	最小值	最大值
So_gdp	3864	0.0091944	0.0155943	5.41E-07	0.2388845
$lnSo\_gdp$	3864	-5.396385	1.226321	-14.4307	-1.431775
Sec_ind	3864	0.4889252	0.1093179	0.019299	0.9097
$Third\_ind$	3864	0.3684337	0.0881395	0.0858	0.8534
$Energy\_gdp$	3864	1.024796	0.6122025	0.108086	9.51837
pop_area	3864	433.4661	323.8397	4.7	2661.54
$Infra$	3864	10.46208	7.661088	0.31	108.37
Fin_gdp	3864	0.1548068	0.0976725	0.01956	1.916667
Fdi_gdp	3864	0.0030261	0.003297	1.19E-07	0.0454041
Tec_pop	3864	3.707297	7.070473	0.029238	107.1741

资料来源：以上数据均来源于 2003 年至 2016 年的《中国城市统计年鉴》和《中国统计年鉴》。

2. 试点前后简单对比分析

通过比较试点城市与非试点城市试点前后关键变量的均值，笔者发现试点之前，试点城市与非试点城市之间污染物排放强度（以下均以 So_gdp 表示）均值比较相近，而试点之后，试点城市与非试点城市 So_gdp 均有所下降，但是，试点城市的 So_gdp 明显小于非试点城市。这个结果是符合常识的，由于影响 So_gdp 的其他因素如技术进步、单位 GDP 能耗等不区分试点与非试点地区，造成全国范围内的单位 GDP 污染排放都在下降，但是，试点后两类城市的 So_gdp 差异出现更大的分化。不过，由于 So_gdp 数值本身较小，这种差异在数字上并不十分明显，但通过表 3-3 依然能比较清晰地观察出这种差异。事实上，通过 t 检验可以发现，试点前处理组与对照组 So_gdp 均值差异的 t 统计量为 0.41，并不显著，而试点后处理组和对照组 So_gdp 均值差异的 t 统计量为 2.18，在 5% 置信水平下，差异是显著的。

其他关键变量由于数值较大，呈现的特征更加明显。第二产业和第三产业占比不论试点地区还是非试点地区都出现明显的提高，但变化相差不大。与 So_gdp 相对应，笔者发现能源消耗强度相对变化较大，试点前非试点地区的能源消耗强度较大，但是试点之后试点地区的单位 GDP 能耗却相对更大。事实上，笔者有理由认为，排污权交易是试点之后试点地区能源消耗强度大于非试点地区，但 So_gdp 却小于非试点地区的重要原因。其他变量 pop_area、$Infra$、Fin_gdp、Fdi_gdp、Tec_pop 均存在明显的同向变化，这些因素可能是 So_gdp 下降的重要原因而被包含在基准回归的协变量之中。由于上述简单的均值变化都是在不考虑其他因素的情况下发生的，因此，需要进一步检验。

表 3-3　试点城市与非试点城市试点前后均值比较

变量	试点期前		试点期后	
	非试点城市	试点城市	非试点城市	试点城市
So_gdp	0.0184282	0.0173896	0.0058538	0.0053413
$\ln So\_gdp$	-4.636624	-4.437191	-5.744666	-5.707792
Sec_ind	0.4548443	0.4920748	0.4889126	0.5098871
$Third\_ind$	0.3594181	0.3566336	0.3708725	0.375055
$Energy\_gdp$	1.473407	1.397191	0.8339545	0.8943999
pop_area	388.8129	457.9424	414.3862	483.8369
$Infra$	7.448129	8.147214	11.0335	12.42079
Fin_gdp	0.1277199	0.0960402	0.1822663	0.1512389
Fdi_gdp	0.0032639	0.0029654	0.0028965	0.0031067
Tec_pop	0.8153234	0.9728867	4.657393	5.137675

资料来源：以上结果均根据统计年鉴数据计算而得。

第四节　实证结果

一、倾向性匹配得分

1. logit 回归估计

首先，使用 logit 回归估计各协变量的倾向得分。模型将处理组变量 Treated 作为因变量，将能源消耗强度、外商直接投资占 GDP 比重、产业结构、技术水平、基础设施、政府规模、人口密度作为解释变量，考察是否存在其他因素影响试点城市的选择，回归方程如下：

$$Treated_{it} = \alpha_0 + \alpha \times X_{it} + \varepsilon_{it} \qquad (3-2)$$

由表 3-4 的 logit 回归结果可知，能源消耗强度、外商直接投资占 GDP 比重、产业结构、技术水平、基础设施、政府规模、人口密度这 8 个协变量都显著影响城市是否被纳入排污权交易试点，这与现有理论和实证文献的结论一致，即经济越发达、外商投资越活跃、基础设施建设与金融结构越完善、技术越先进的地区，政策制定者更倾向于实施更严格的环境规制，以实现从传统资源消耗型发展向新型环境友好型发展的战略转型。而在那些经济基础比较薄弱的地区，政府面临的主要问题是如何促进 GDP 增长，如果贸然实施严格的环境规制，会加重企业的生产成本和经营压力，不利于 GDP 的稳定增长，因此，中央政府不会将这些城市纳入试点范围。而产业结构通过影响地区经济结构，对是否实施排污权交易试点政策造成影响，根据现有文献来看，产业结构会对污染物的排放产生一定的影响，因此，本章仍然把产业结构作为重要的协变量放入回归方程。

表3-4　　　　　　对处理组变量 logit 回归结果

变量	系数	标准误	z	P>|z|	置信区间	
Sec_ind	1.88171	0.3617469	5.2	0.000	1.172703	2.590725
$Third\_ind$	1.78739	0.2946232	6.07	0.000	1.20994	2.364842
$Energy\_gdp$	0.10901	0.0388054	2.81	0.005	0.032956	0.18507
pop_area	0.00027	0.0000717	3.86	0.000	0.000136	0.000417
$Infra$	0.00703	0.0031533	2.23	0.026	0.000858	0.013219
Fin_gdp	-2.09506	0.2904618	-7.21	0.000	-2.66435	-1.52576
Fdi_gdp	-23.1435	7.441819	-3.11	0.002	-37.7292	-8.55777
Tec_pop	-0.00736	0.0035262	-2.09	0.037	-0.01427	-0.00045
$\_cons$	-1.77607	0.255293	-6.96	0.000	-2.27644	-1.27571

随后，以政策执行之前的 2003—2006 年作为基期，利用 logit 回归获得的各协变量回归系数计算各样本的倾向得分，并采用核匹配法对处理组与对照组样本进行二次取样，使得协变量在处理组和对照组之间的分布更加均衡。

2. 计算倾向性匹配得分

根据上述 logit 回归结果，笔者发现试点城市的选择受到产业结构等因素的影响，为避免解释变量内生性问题，笔者使用 PSM

方法，利用 logit 回归获得的各协变量回归系数计算各样本的倾向得分，并采用核匹配法对处理组与对照组样本进行二次取样，使得协变量在处理组和对照组之间的分布更加均衡，从而使得试点政策接近自然实验。

根据检验实验组与对照组倾向得分的共同取值范围，判断 PSM 过程中是否损失了过多的样本，以及是否对匹配的精确性产生了影响。只有当实验组与对照组的倾向得分有较大程度的重合时，才能认为匹配结果较为精确（Heckman & Vytlacil，2001）。由表 3-5 的基期核匹配结果可知，在全部 3864 个样本中，对照组和处理组分别有 24 和 0 个样本在共同取值范围之外，其余 3840 个样本均在共同取值范围之内。由此可见，本章的 PSM 过程仅损失少量样本，不会对整体数据的完整性产生显著影响。

表 3-5　　　　　　　匹配结果概况　　　　　　　单位：个

	共同取值范围外	共同取值范围内	总计
对照组	24	2370	2394
处理组	0	1470	1470
合计	24	3840	3864

图 3-1 直观展现了表 3-5 的结果，即大多数匹配样本都在共同取值范围内，在以上 PSM 过程中仅损失较少量样本，满足倾向得分匹配的重叠假定条件。由图 3-2 可以看出，所有协变量的标准化偏差在匹配后都比匹配之前显著减小，说明 PSM 剔除了原样本中偏差较大的奇异值，提高了匹配后样本的可信度。

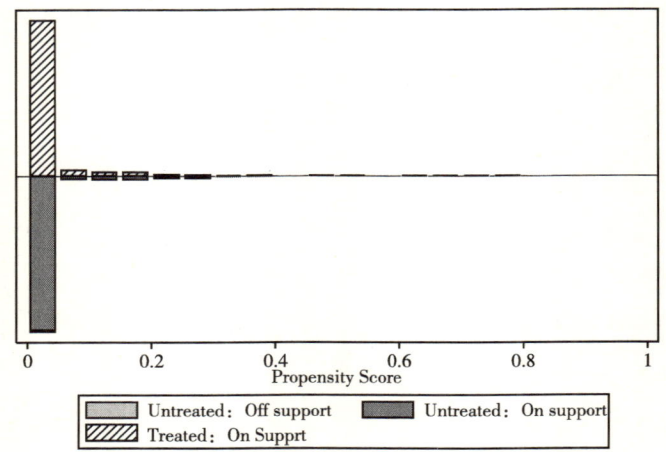

图 3-1 倾向得分的共同取值范围

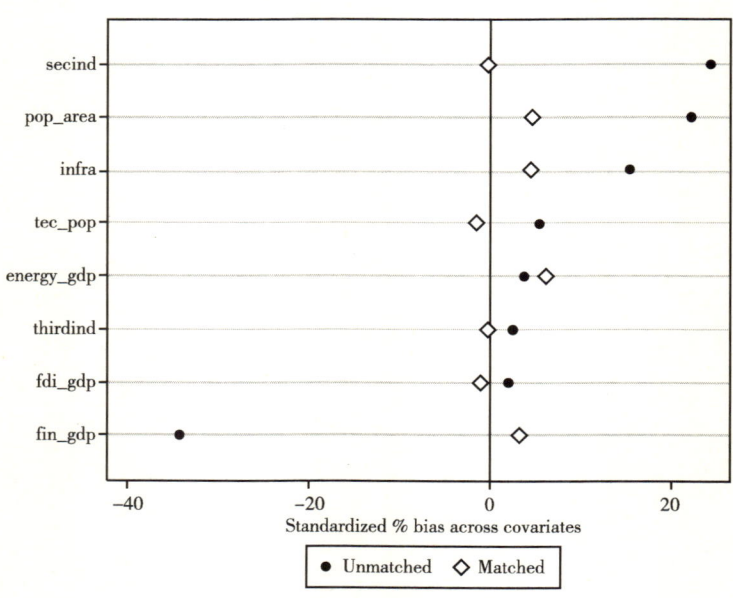

图 3-2 匹配前后各协变量标准化偏差变化

3. 平衡性检验

理论上来说,进行 PSM 的方法有多种,且匹配结果是渐进、等价的。本章主要采用最流行的核匹配法来进行匹配,其思路是用对照组不同个体的各个维度特征进行加权平均,最终组合出合适的匹配对象。同时,为了保证实证结果的稳健性,在基准回归中还以卡尺匹配法来进行匹配。

根据表 3-6,匹配后各协变量在处理组与对照组之间的标准差显著减小,标准差基本大幅度缩减。t 检验的结果显示,匹配前有 5 个协变量在处理组和对照组之间均存在显著差异,而匹配后处理组和对照组样本在 7 个协变量上均不存在显著差异,进一步表明匹配后各协变量在处理组和对照组之间的分布更加平衡。匹配后处理组与对照组的协变量之间的差异均下降到 10% 以内,表明处理组与对照组各方面的特征都已十分相似。

通过 PSM 将处理组中倾向得分值超出共同取值范围的样本进行剔除,然后在共同取值范围内的样本中通过核匹配法选择倾向得分值相近的样本计算双重差分估计量,从而剔除了由于初始禀赋差异过大造成倾向得分值偏差较大的样本,可以有效解决样本选择偏误所造成的政策内生性问题。

表 3-6 匹配前后协变量在处理组和对照组之间差异的统计检验

变量	匹配	对照组	处理组	标准误	t 值	p>|t|
Thirdind	匹配前	0.3676	0.36979	2.5	0.75	0.453
	匹配后	0.37002	0.36979	-0.3	-0.07	0.945

续表

变量	匹配	对照组	处理组	标准误	t值	p>|t|
$Secind$	匹配前	0.47918	0.5048	24.3	7.12	0.000
	匹配后	0.50504	0.5048	-0.2	-0.07	0.947
$Energy\_gdp$	匹配前	1.0167	1.0381	3.6	1.05	0.292
	匹配后	1.0016	1.0381	6.1	1.76	0.079
Pop_area	匹配前	407.08	476.44	22.2	6.5	0.00
	匹配后	461.96	476.44	4.6	1.27	0.203
$Infra$	匹配前	10.009	11.2	15.4	4.7	0.00
	匹配后	10.855	11.2	4.5	1.18	0.238
Fin_gdp	匹配前	0.16668	0.13547	-34.2	-9.76	0.00
	匹配后	0.13252	0.13547	3.2	1.31	0.19
Fdi_gdp	匹配前	0.003	0.00307	2	0.59	0.553
	匹配后	0.0031	0.00307	-1	-0.29	0.769
Tec_pop	匹配前	3.5597	3.9477	5.5	1.66	0.098
	匹配后	4.0535	3.9477	-1.5	-0.39	0.697

对比图 3-3 和图 3-4，进一步分析匹配前后倾向得分的核密度分布图可知，匹配之前实验组与对照组的倾向得分分布存在较大差距，而使用核匹配法进行匹配后，两者间的差距缩小，走势几乎完全一致，进一步说明匹配结果较为理想。本章运用核匹配法进行匹配后，发现约 99.3% 左右的样本处于共同取值范围之中（详见表 3-5），说明匹配结果较为理想。

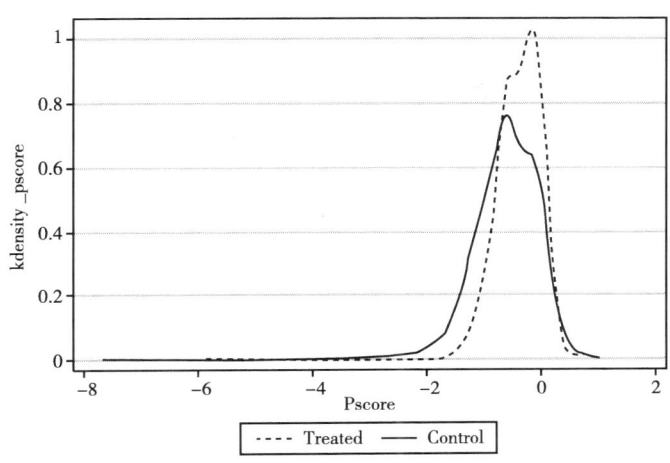

图 3-3　匹配前倾向得分值核密度

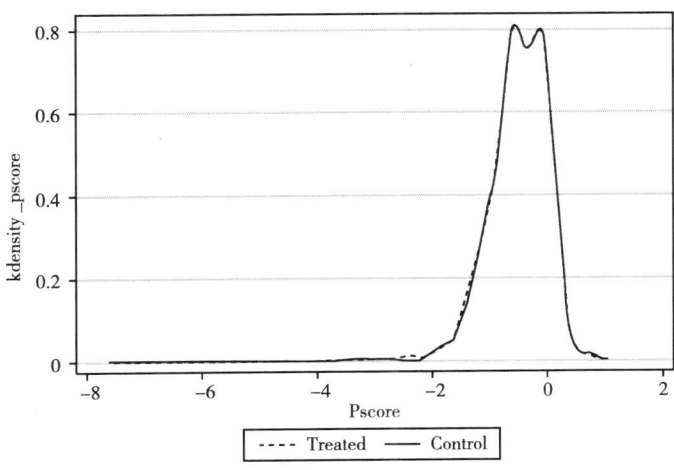

图 3-4　匹配后倾向得分值核密度

二、基准回归结果

由上述分析和 PSM 方法检验可知，双重差分模型存在选择偏误问题，不能得到正确的结果。笔者对匹配后的处理组和对照组样本进行 DID 估计，来考察排污权交易政策对污染物排放强度的影响。为避免由于匹配方法的主观选择而影响估计结果的稳健性，笔者分别使用核匹配法和卡尺匹配法进行匹配。同时，将回归结果与传统的 DID 估计结果进行比较。

笔者发现，排污权交易试点政策与污染排放强度并不具有简单的线性关系，将 So_gdp 作为被解释变量时，排污权试点政策的影响是不显著的，以下结果均以取对数后的 So_gdp 作为被解释变量。由于市场化交易可以提高污染物的配置效率，因此，单位 GDP 的污染物排放量和单位污染物排放产生的 GDP 含义是一致的，取对数后，二者符号相反。

通过将普通的 OLS 回归、双重差分和两种匹配方法下的倾向性匹配双重差分模型进行比较，笔者可以发现，一般的线性回归模型会高估第三产业对 So_gdp 的降低作用，而低估第二产业对 So_gdp 的提高作用。并且，OLS 回归模型也会高估政府规模、基础设施、技术水平对 So_gdp 的影响，而低估能源消耗强度对 So_gdp 的影响。基础的双重差分模型和倾向性匹配双重差分模型的结果基本一致，但是，排污权交易试点政策的影响存在一定差异，DID 倾向于高估排污权交易试点政策对 So_gdp 的影响。通过实证发现，排污权交易试点政策使得区域单位 GDP 污染排放降低了 0.17% 左右。

对于其他协变量，笔者发现产业结构的确影响区域 So_gdp，第三产业占比每提高 1%，So_gdp 将下降 1.7%，而第二产业占比每提高 1%，So_gdp 将下降 1.6% 左右。二者对 GDP 污染排放的影响基本符合笔者的预期，这可能是因为以服务业为主的第三产业能源依赖较低，其产品不会产生较大的污染排放，而第二产业以制造业为主，污染物排放较大。同时，GDP 能耗也会显著提高 So_gdp，每万元 GDP 所消耗的标准煤增加 1 吨，So_gdp 增加 0.6%，因为能源消耗是污染排放的主要源头。另外，人口密度和基础设施建设水平也会抑制 So_gdp 的提高，每平方千米增加 1 万人，So_gdp 下降 5% 左右，这可能是因为，一方面，人口密度的增加能够提高家庭层面的能源利用效率，降低生活污染排放，另一方面，也通过劳动分工提高了资源利用效率；基础设施完善则有利于要素流通，降低消耗，提高效率。政府规模对降低单位 GDP 的污染排放也有着积极作用，这可能是因为现阶段污染减排的主要动力源自政府，环境检测设备和污染治理都有赖于政府支出，而且整体上基于核匹配与卡尺匹配的 PSM-DID 的估计结果表明，政府对降低 So_gdp 的贡献更高（见表 3-7）。

表 3-7　　基准回归结果及比较

变量	OLS	DID	卡尺匹配	核匹配
$Period$		-0.576*** (-11.75)	-0.538*** (-10.56)	-0.563*** (-11.28)
$Treated$	0.0666* (2.13)	0.215*** (3.84)	0.196*** (3.52)	0.211*** (3.76)
$Period \times Treated$		-0.184** (-2.80)	-0.172** (-2.61)	-0.181** (-2.74)
$Thirdind$	-2.405*** (-9.51)	-1.767*** (-7.11)	-1.748*** (-6.79)	-1.726*** (-6.83)
$Secind$	0.796*** (3.95)	1.607*** (7.93)	1.603*** (7.39)	1.609*** (7.67)

续表

变量	OLS	DID	卡尺匹配	核匹配
$Energy\_gdp$	0.854*** (32.31)	0.631*** (21.38)	0.656*** (20.92)	0.631*** (21.2)
Pop_area	-5.16*** (-9.87)	-5.59*** (-11.03)	-5.79*** (-11.23)	-5.77*** (-11.29)
$Infra$	-0.0140*** (-6.27)	-0.00988*** (-4.55)	-0.0115*** (-5.28)	-0.0104*** (-4.79)
Fin_gdp	-1.519*** (-9.19)	-0.362* (-2.05)	-0.974*** (-3.55)	-0.625** (-3.05)
Fdi_gdp	-6.035 (-1.23)	-20.57*** (-4.23)	-23.54*** (-4.46)	-23.16*** (-4.58)
Tec_pop	-0.0291*** (-11.48)	-0.0264*** (-10.74)	-0.0257*** (-10.42)	-0.0263*** (-10.66)
截距项	-5.069*** (-29.49)	-5.236*** (-31.32)	-5.168*** (-28.64)	-5.203*** (-30.10)
样本量	3864	3864	3740	3840
R^2	0.435	0.47	0.477	0.472

注：*、**、*** 分别表示 10%、5%、1% 的显著性水平。括号内的数字为 t 值。上述结果分别为 OLS 回归、DID 回归、卡尺匹配后 DID 回归以及核匹配后 DID 回归结果。

第五节 稳健性检验

为保证基准回归结果的稳健性，笔者需要排除其他政策的影响，并通过地区安慰剂和时间安慰剂进行检验。由于排污权交易试点地区对污染物的界定不尽相同①，不适合通过替换被解释变量

---

① 详见 http://www.tanpaifang.com/paiwuquanjiaoyi/2017/07/1460032.html。

的方式进行稳健性检验，因此，本部分检验只涉及排除其他政策检验和安慰剂检验。

一、排除其他政策的影响

为证实 So_gdp 的确因为排污权交易试点政策而下降，笔者需要排除其他政策影响的可能性，首先是排污收费试点政策，时间上与排污权交易试点政策相近，并且都起到了环境规制作用，可能对污染物排放产生影响。截至2015年底，全国共有江苏省、山西省、河北省、山东省、云南省、广东省、辽宁省、黑龙江省、广西壮族自治区、内蒙古自治区、新疆维吾尔自治区、天津市、上海市、北京市等14个省、区、市出台了二氧化硫排污费征收标准上调政策，其中，河北省、山西省、山东省、内蒙古自治区作为2008年首批上调排污费的地区具有较强的代表性，以上14个试点省市中有5个与排污权交易试点地区重合。

其次是"两控区"政策，2000年发布的《国务院关于环境保护若干问题的决定》和《国家环境保护"九五"计划和2010年远景目标》提出，将二氧化硫污染严重的地区和酸雨污染严重的地区划为"两控区"范围，在"两控区"范围内的城市通过减少高硫燃料的使用、关停大型火电厂以及提高企业废气排放标准等措施，力争大幅度削减"两控区"内二氧化硫排放量。"两控区"将直接影响区域二氧化硫排放量，进而影响 So_gdp，因此，笔者分别剔除这两类地区重新进行实证。

检验的基本逻辑是，如果 So_gdp 是由于其他政策因素，那么排污权交易试点政策在剔除这些城市之后将是不显著的。

首先,为避免政策影响的误判,笔者将执行了排污收费政策的 14 个试点省、区、市剔除。相对排污权市场交易,排污收费作为一种庇古税政策,虽然也可以调节污染排放,但由于会整体降低生产企业的边际收益而造成一定的效率损失,在抑制污染的同时也会降低产出。因此,笔者有理由相信,排污收费政策对 So_gdp 的影响会低于排污权交易。事实上通过表 3-8 笔者可以发现,剔除所有排污收费试点城市之后,排污权交易政策对 So_gdp 的影响显著提高了,排污权交易使得 So_gdp 下降了 0.28%。

为避免误判,笔者按照同样的方法再将"两控区"范围内的城市剔除,分别用卡尺匹配与核匹配做一次倾向性匹配双重差分,笔者发现,尽管剔除城市造成了样本的大量减少,排污权交易政策对 So_gdp 的影响在 10% 的置信水平下依然是显著的,但影响下降到基准回归结果附近,显著性水平有所下降。在协变量方面,无论剔除排污收费试点地区还是"两控区"范围内城市,系数符号与基准回归结果依旧类似,系数大小有所变化,此处不再赘述。

表 3-8　　稳健性检验:排除其他政策的影响

变量	排除排污收费政策		排除"两控区"政策	
	卡尺匹配	核匹配	卡尺匹配	核匹配
Period	-0.398*** (-5.03)	-0.410*** (-5.21)	-0.484*** (-6.22)	-0.540*** (-5.87)
Treated	0.283*** (-3.58)	0.298*** (-3.75)	0.0661 (0.76)	0.0774 (0.9)

续表

变量	排除排污收费政策		排除"两控区"政策	
	卡尺匹配	核匹配	卡尺匹配	核匹配
$Period \times Treated$	-0.250*** (-2.71)	-0.265*** (-2.86)	-0.172* (-1.70)	-0.171* (-1.72)
$Thirdind$	-1.671*** (-4.46)	-1.743*** (-4.69)	-0.938** (-2.25)	-1.893*** (-3.45)
$Secind$	2.727*** (-8.97)	2.617*** (-8.64)	1.809*** (-5.9)	1.550*** (-5.1)
$Energy\_gdp$	1.016*** (-13.87)	0.945*** (-13.57)	0.639*** (12.66)	0.585*** (8.97)
Pop_area	-6.43*** (-7.63)	-6.34*** (-7.48)	-3.94*** (-4.52)	-3.85*** (-4.53)
$Infra$	-0.018*** (-3.91)	-0.017*** (-3.75)	-0.00652** (-2.20)	-0.00384 (-1.47)
Fin_gdp	-1.052** (-2.46)	-1.329*** (-3.32)	-0.791** (-2.04)	-0.361 (-1.22)
Fdi_gdp	-19.43** (-2.16)	-22.50** (-2.54)	-32.14*** (-3.41)	-41.23*** (-4.07)
Tec_pop	-0.037*** (-5.87)	-0.029*** (-5.53)	-0.0592*** (-8.00)	-0.0532*** (-6.74)
截距项	-6.167*** (-21.97)	-5.999*** (-21.70)	-5.681*** (-20.85)	-5.236*** (-17.27)
样本量	1944	2016	1738	1830
R^2	0.45	0.443	0.412	0.4

注：*、**、*** 分别表示10%、5%、1%的显著性水平。括号内的数字为 t 值。

二、安慰剂检验

1. 地区安慰剂检验

地区安慰剂检验的基本思想是验证试点政策对被解释变量的影响,因此,通过统计方法随机地为政策变量赋值,从而随机地产生处理组和对照组,然后,将生成的处理组和对照组作为新的虚拟变量重新进行实证。如果得到的交叉项系数的密度分布函数接近正态分布,这意味着假的处理组虚拟变量下交互项的系数在 0 附近,而笔者在基准回归中估计出的系数显著异于 0,因此,试点的选择的确影响了区域单位 GDP 二氧化硫排放量的下降,而非其他因素造成。

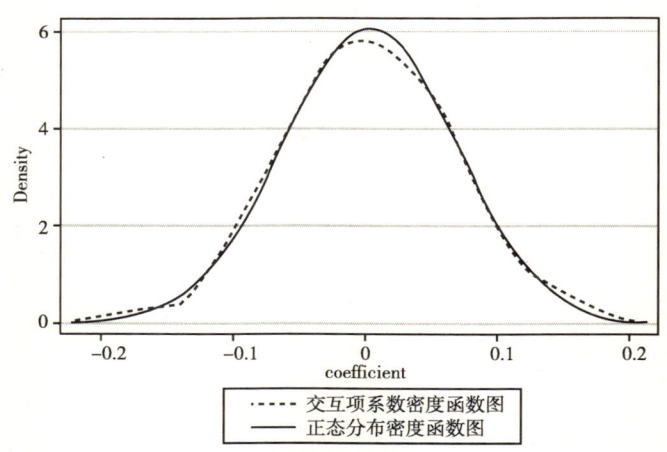

图 3-5　300 次估计系数密度分布

通过随机生成处理组虚拟变量进行 300 次估计,得到 300 个交互项系数并将其密度分布图与正态分布的密度函数分布图进行比较（详见图3-5），很容易发现，二者基本上是重合的，而笔者基于卡尺匹配和核匹配的 PSM-DID 估计的系数为 0.18，显著异于 0。因此，排污权交易试点政策确实影响了单位 GDP 二氧化硫排放量。

2. 时间安慰剂检验

和地区安慰剂检验的逻辑类似，时间安慰剂检验的基本思想是，为确保政策的影响是切实存在的，将试点政策的节点变量提前或者延迟，然后进行实证，如果交互项系数不显著，则表明解释变量的确受到政策的影响。虽然排污权交易试点政策开始于 2007 年，但是，早在 2007 年以前部分省份就存在二氧化硫排污权交易的现象，而且政策公布以后，各地方执行进度也不尽相同，因此，这并非真正意义上的一次性铺开，从而无法形成完美区分试点前后的时间点。因此，时间安慰剂检验对于排污权交易试点政策而言，无法提供标准的检验，但是，如果试点政策的影响是显著的，那么，交互项系数的大小与显著性会呈现一定的特征：系数大小和显著性水平随着离试点时间 2007 年越远，显著性程度会趋于下降。

事实上，由表 3-9 检验结果可以发现，在设置假的政策时点变量之后，排污权交易试点在提前一年和延迟一年之后，交互项系数仍然显著，但是，显著性水平有所下降，并且，随着提前时间的增加 R^2 也在明显下降。在提前或者延迟 2 年以后，交互项系数明显变得不再显著，这意味着排污权交易对单位 GDP 二氧化硫排放量的影响是显著的，基准结论具有较强的稳健性。

表 3-9　　　　　　　　　时间安慰剂检验

变量	提前 3 年	提前 2 年	提前 1 年	2007 年	延迟 1 年	延迟 2 年	延迟 3 年
$Period$	-0.85*** (-7.71)	-0.99*** (-12.85)	-1.02*** (-15.92)	-0.538*** (-10.56)	-1.14*** (-21.42)	-1.15*** (-22.58)	-1.17*** (-23.12)
$Treated$	0.146 (0.98)	0.148 (1.48)	0.217*** (2.72)	0.196*** (3.52)	0.172*** (2.85)	0.146*** (2.67)	0.113** (2.25)
交互项	-0.134 (-0.86)	-0.162 (-1.50)	-0.216** (-2.40)	-0.172*** (-2.61)	-0.141* (-1.87)	-0.103 (-1.42)	-0.0808 (-1.14)
截距项	-4.588*** (-43.43)	-4.52*** (-63.93)	-4.59*** (-81.56)	-5.24*** (-31.32)	-4.70*** (-109.9)	-4.78*** (-123.3)	-4.84*** (-135.9)
协变量	YES	YES	YES	YES	YES	YES	YES
R^2	0.042	0.105	0.158	0.477	0.235	0.248	0.254

注：*、**、*** 分别表示 10%、5%、1% 的显著性水平。括号内的数字为 t 值。

三、异质性检验

考虑到不同地区的经济发展水平、产业结构、技术水平和能源消耗情况存在差异，从而排污权交易试点政策对区域 So_gdp 的影响可能有所不同，本章将从上述四个方面进行异质性检验，即按照上述四个指标 2003—2016 年的平均值把样本城市分为高和低两组，其中，经济发展水平按照人均 GDP 来衡量，产业结构用第二产业占比和第三产业占比表示，并分别进行 PSM-DID 实证分析，通过观察交互项系数的特征，考察排污权交易试点政策对不同地区的异质性特征。

通过表 3-10，笔者发现不同地区排污权交易试点政策对单位

GDP二氧化硫排放量的影响的确存在不同特征：第三产业比重高的地区交互项系数绝对值更大且更显著，这可能是因为第三产业占比较高的地区往往经济发展水平更高，而且污染物的排放量也更大、政策影响更大，事实上，和不同经济发展水平的地区试点政策的影响差异进行比较之后可以发现，这一结论更有说服力；不同能源消耗的地区，政策影响都是显著的，但是，能源消耗大的地区试点政策使 So_gdp 下降 0.28%，而能源消耗低的地区则只有 0.18%，显著性水平也有明显差异，这可能是因为能源消耗大的地区政策减排的空间更大。另外，技术条件不同的地区政策影响呈现两极分化，在技术水平高的地区，试点政策有显著的污染物利用率，但是，在技术水平低的地区影响则是不显著的，这可能是一方面技术条件会限制排污权交易，另一方面技术水平落后的地区往往是产业经济不发达的地区。鉴于第二产业的异质性特征与第三产业类似，在此不赘述。

表 3-10　异质性检验结果

变量	第三产业比重		能源消耗		经济发展状况		技术水平	
	高	低	高	低	高	低	高	低
$Period$	-0.47*** (-6.91)	-0.39*** (-5.63)	-0.26*** (-3.48)	-0.54*** (-7.93)	-0.55*** (-8.26)	-0.37*** (-4.76)	-0.38*** (-6.34)	-0.59*** (-7.41)
$Treated$	0.424*** (5.5)	-0.119 (-1.56)	0.26*** (3.34)	0.249*** (3.27)	0.265*** (3.58)	0.12 (1.45)	0.245*** (3.98)	0.224** (2.35)
交互项	-0.268*** (-2.98)	-0.116 (-1.30)	-0.281*** (-3.11)	-0.183** (-2.03)	-0.196** (-2.25)	-0.187* (-1.95)	-0.26*** (-3.63)	-0.0999 (-0.90)
截距项	-5.06*** (-20.54)	-6.96*** (-23.93)	-6.09*** (-24.71)	-4.95*** (-17.21)	-5.46*** (-15.54)	-6.38*** (-23.66)	-5.31*** (-23.11)	-5.08*** (-17.69)

续表

变量	第三产业比重		能源消耗		经济发展状况		技术水平	
	高	低	高	低	高	低	高	低
协变量	YES	YES	YES	YES	YES	YES	YES	YES
样本量	1903	1852	1847	1914	1913	1830	1908	1833
R^2	0.525	0.462	0.449	0.513	0.559	0.407	0.533	0.409

注：*、**、***分别表示10%、5%、1%的显著性水平。括号内的数字为 t 值。

第六节 机制检验

根据第二节关于排污权交易制度对污染物排放强度影响的理论机制分析，本节对影响机制做相应检验：将产业结构和技术水平作为被解释变量，考察排污权交易政策的影响。在进行机制检验时，笔者同时将其他协变量放入回归方程中，重复 PSM – DID 的过程，卡尺匹配与核匹配的结果比较类似，本节只报告卡尺匹配的检验结果。

由于第一种影响路径——该制度本身直接对污染物配置效率产生影响——不需要中间环节，并已经由基准回归得到验证，在此不再讨论。通过表 3-11，笔者发现排污权交易制度的确对产业结构产生影响，会造成第二产业和第三产业比重下降，并且对第二产业的影响是第三产业的 2 倍。这可能是因为，第二产业和第三产业是污染物排放的主要领域，环境规制会产生抑制作用，但由于后者排污量整体小于前者，影响程度存在显著不同，这也意味着排污权交易本身虽然不会促进第三产业的发展，但由于第二产业受到的抑制程度更大，特定区域会提高第三产业的相对比重。因此，在第二产业的污染物排放强度高于第三产业的前提下，排污权交易制度会倾向于提高区域内第三产业的相对比重，进而促使整体污染物排放强度的下降。

通过技术创新的倒逼作用促使减排的机制并不明显，事实上，这种观点和傅京燕等人（2018）的研究是一致的。这可能是因为排污权交易制度本身并不会给企业带来显著创新的动力，一方面，排污量总体控制存在硬约束，本身会受到人为因素的干扰，另一方面，排污权价格提供的确定减排成本相比研发技术减排可能存在优势，技术减排存在研发失败的风险，促使企业选择购买排污权的方式减排。由于不同地区对污染物的产权界定存在差异，目前，国内试点地区试行规则各有侧重，政策法律体系并不健全（王睿，2018），也导致技术减排隐含政策不确定性。

表 3–11　　　　　　　　　机制检验

变量	二产占比	三产占比	技术水平	基础设施	外商投资	政府规模
$Period$	0.0607*** (16.11)	0.0314*** (10.01)	0.903*** (2.82)	2.149*** (5.65)	−0.00163*** (−10.52)	0.0759*** (27.42)
$Treated$	0.0261*** (5.88)	0.0153*** (4.24)	−0.776** (−2.12)	−0.0922 (−0.22)	−0.000673*** (−3.90)	−0.0105** (−3.18)
交互项	−0.0188*** (−3.60)	−0.00912** (−2.14)	0.467 (1.08)	0.767 (1.55)	0.000627** (3.08)	−0.00147 (−0.38)
协变量	YES	YES	YES	YES	YES	YES
截距项	0.706*** (102.9)	0.566*** (96.38)	−17.04*** (−16.10)	−6.765*** (−5.02)	−0.00445*** (−8.04)	0.246*** (−24.67)
R^2	0.579	0.569	0.318	0.258	0.231	0.355

注：*、**、*** 分别表示 10%、5%、1% 的显著性水平。括号内的数字为 t 值。

此外，笔者还将基础设施、政府规模和外商投资放入机制检验之中，经过检验，笔者发现排污权交易机制对基础设施和政府规模并没有显著影响，说明排污权交易并不会刺激政府规模的扩大，这可能是因为市场机制交易排污权会存在部分替代政府治理环境的功能，但并不显著。基础设施建设本身则不依赖环境政策，不过，笔者发现排污权交易有利于外商直接投资中国，这可能是因为发达国家相比中国有着更高的环保要求，企业也更易于跨越中国政府的环保门槛，从而形成一定的竞争优势。另外，加强环境规制会造成外商投资企业运营成本上升和投资风险加大，所以，部分外商投资会流向环境规制强度相对较弱的地区，从而形成了对中国的资本流入。

第七节 小 结

本章基于排污权交易制度的准自然实验，深入分析了该制度对污染物排放强度的影响，通过实证分析和相关稳健性检验以及机制检验，笔者得到以下结论：

第一，总体上，排污权交易政策有利于降低污染物的排放强度，该政策使得试点地区每万元 GDP 二氧化硫排放量降低 0.18% 左右，影响虽然较小，但比较显著。因此，从政策制定者角度而言，排污权交易制度是有效的，应该逐步在全国范围推广。

第二，第二产业和能源利用效率会显著提高污染物的排放强度，而第三产业比重的提高则相反。此外，基础设施条件、人口密度、技术水平、外商直接投资和政府支出规模均有利于污染物排放强度的下降,因此,城市化的进程对于控制污染是有利的。

第三,排污权交易制度对不同地区的影响存在异质性特征:在第二产业和第三产业比重越大的地方,对污染物排放强度的影响越大,能源使用强度高的地区,该制度对污染物排放的抑制作用是能源使用强度高的地区的1.5倍,而不同经济发展水平的地区也存在较小的差异,排污权交易制度只在技术水平和创新能力较高的地区对污染物排放强度产生抑制作用。

第四,排污权交易制度主要依赖制度本身提高污染物排放权在企业之间的配置效率,降低减排的经济损失,另外,通过调节产业结构的方式降低污染物排放强度。该制度本身并不能显著倒逼企业加强研发投入,通过技术方式减少排放。

作为政策制定者,对环保政策的制定须开展专业细致的调研与论证,避免"一刀切"式的环保政策的出台。首先,环境污染的治理由于地区禀赋的差异不能一概而论,须因地制宜地制定相应的减排限排政策。其次,应逐步强化污染物排放的总量控制,完善不同地区的法律法规,切实提高企业排污的机会成本,促使企业加强研发投入,实现技术减排,更好地完成总量减排的目标。最后,进一步完善基础设施建设,健全公路、铁路网络建设,促进要素在区域间自由流动;设置外资准入的行业环保门槛,提高环保要求,积极引导和充分利用外资环保技术并及时消化,从而降低污染物排放强度。

第四章
"两型社会"综合配套改革试验区的经济效应

第一节 引 言

自改革开放以来,中国十分重视走低能耗、低排放、低污染的可持续发展道路。2005年,在党的十六届五中全会上,胡锦涛总书记首次提出加快建设资源节约型、环境友好型社会(即"两型社会"),加大环境保护力度,切实保护好自然生态。2007年,党的十七大报告中进一步将建设生态文明作为全面建设小康社会的新要求,提出要使主要污染物排放得到有效控制,生态环境质量实现明显改善。随后,2007年12月14日,武汉城市圈(以武汉为圆心,加上周边的黄石、鄂州、黄冈、孝感、咸宁、仙桃、潜江、天门8个城市构成)与长株潭城市群(长沙、株洲、湘潭3个城市构成)被确定为"两型社会"建设综合配套改革试验区(即"两型社会"试验区),被赋予先行先试的政策创新特权,率先开展"两型社会"建设的探索。"两型社会"建设要求建立在优化结构、提高效益、降低消耗和保护环境的基础上,综合考虑经济增长绩效、社会发展绩效和资源节约绩效,不以牺牲环境为代价实现经济增长的目标(陈晓红等,2016),而"两型社会"试验区成立已逾10年,它究竟能否在促进资源节约和环境友好的同时,实现经济增长呢?关于此问题的探究无疑对完善"两型社会"试验区建设并在全国推广"两型社会"建设,实现社会生态文明和全面建成小康社会有着重要的理论与现实意义。

自"两型社会"试验区成立以来,有学者尝试构建"两型社会"综合指数,对武汉城市圈和长株潭城市群"两型社会"试验区建设成效进行评价,得出的结论是试验区各城市的"两型社会"综合指数显著高于非试验区城市,同时,试验区内城市的综合指数也存在明显差异(陈黎明,欧文,2009;李新平,申益美,2011;游达明等,2012)。这些研究虽然肯定了"两型社会"建设的成效,但建立的综合指数指标均基于不同量纲标准,无法评判其评价的准确性,并且,都是通过比较"两型社会"试验区成立前后的经济、环境数据等方面的差异,未能识别其中的因果关系,所以有所欠缺。

少数学者采用计量方法估计"两型社会"试验区的经济效应。如易传和等(2018)证实了"两型社会"试验区的设立促进了长沙市环境质量的改善,但其采用的普通最小二乘(OLS)回归并未考虑内生性问题,且研究对象局限于长沙市,存在样本量过少的问题,因而,实证结果可能并不准确。邓荣荣(2016)使用双重差分法(以下简称DID)估计"两型社会"试验区设立对长株潭城市群碳排放的影响,结果发现其降低了碳排放的规模和强度。但研究选择的处理组和控制组只包括长沙、株洲、湘潭和其他 11 个样本城市，相对来说，处理组样本量过少，很难得出有说服力的结论，加上并未考虑试点城市选择的非随机性问题、处理组和控制组共同趋势假定问题，所以，估计结果可能有偏。李卫兵和李翠（2018）采用 DID 与倾向得分匹配（Propensity Score Matching，PSM）相结合的方法估计了"两型社会"试验区的经济效应，发现其通过提升人力资本、降低污染排放水平促进地区绿色发展水平，该方法有效控制了处理组和控制组间的系统差别，实现了数据平衡，缓解了数据偏差和混杂变量的影响，但处理组仅有 9 个城市，控制组有 267 个城市，加上匹配后的样本损失，处理组样本远少于控制组样本，最终可能影响估计精度。

实际上，"两型社会"试验区仅在湖北和湖南两省部分城市试点，实施政策的个体远少于未实施政策的个体，这为本章使用合成控制法（Synthetic Control Method）评估政策效应提供了契机。合成控制法的思想是将多个不受政策影响的个体加权组合成"合成控制组"，并与处理组进行反事实对比分析（George & Bennett，2005），其优势是放松 DID 方法的随机性假设，克服宏观政策评价中因果关系不明确、理论建模复杂的问题（刘秉镰，吕程，2018），而且，所采用的非参数方法决定了构造的控制组只由实际数据确定，得到的控制组与处理组共同趋势拟合度更高、偏误更小（王贤彬，聂海峰，2010）。武汉城市圈是湖北省经济发展的核心区域，2016 年生产总值达 20147.78 亿元，占全省的 62.38%，户籍人口数占全省的 52.15%，地方财政收入贡献率为 60.7%，而长株潭城市群 2016 年的生产总值为 13712.15 亿元，占湖南省的 43.46%，户籍人口数占湖南省的 21.25%，地方财政收入贡献率仅为40.3%，为了更有效地考察"两型社会"试验区试点政策的影响，本章选择湖北省作为研究对象，采用合成控制法估计试验区试点的经济效应，这是本章的主要创新点。

"两型社会"的含义十分丰富，现有文献多数局限于经济增长与环境污染两个方面，未能系统考察其整体的经济效应，所以，本章将研究指标拓宽为经济增长、能源消耗、环境污染和技术创新4项。实证结果表明，"两型社会"试验区试点对促进湖北省经济增长、降低能源消耗、减轻环境污染和推动技术创新发挥了积极作用。

第二节 政策背景及理论机制

2007年10月，中国共产党第十七次全国代表大会明确指出："必须把建设资源节约型、环境友好型社会放在工业化、现代化发展战略的突出位置"，为实现此主张下平衡经济发展与生态保护关系的要求，"两型社会"试验区应运而生——以特定的城市、区域先行试点，为全国"两型社会"建设提供强有力的实践支撑。武汉城市圈与长株潭城市群最终被选定为试点区域，原因在于：在工业发展方面，两区域较西部地区有明显优势，均处在工业化发展的中前期阶段，拥有雄厚稳固的工业基础；在资源禀赋与环境承载力方面，较东部有更大优势，如武汉城市圈有东湖、梁子湖、洪湖以及大别山地区生态板块，长株潭城市群有环洞庭湖地区、湘西地区生态板块；在地理位置方面，得益于各自"承东启西"的优越条件,交通运输十分便利。

自"两型社会"试验区试点以来,国家和湖北省出台了一系列政策,对经济增长、能源消耗、环境污染与技术进步产生了影响。经济增长方面,2008年6月1日,国家发展改革委发布的《武汉城市圈资源节约型和环境友好型社会建设综合配套改革试验总体方案》(下文简称《方案》)中提到:"要发展先进制造业和现代服务业,整合圈域内产业资源,推动产业合理布局,构建现代产业体系;改造提升传统优势产业,以发展生产性服务业为重点,加快壮大现代服务业,促进三次产业协同带动发展。"产业结构的优化升级必然对地区经济发展产生影响,一般而言,第二产业的发展有助于扩大经济规模,促进资本的收益增加,第三产业的发展有利于劳动生产效率和劳动收入提高(刘伟,李绍荣,2002),在调整产业结构过程中,地区资源会得到优化配置,资本使用效率及劳动生产率会不断提升,地区经济实力会得到增强。

在能源消耗和环境污染方面,《方案》提出:发展武汉城市圈循环经济,推进东西湖区、青山区国家级循环经济示范区建设,整合青山、阳逻等地钢铁、化工、电力、建材产业资源,设立循环经济发展基金;完善差别化能源价格制度,建立绿色电价机制;执行燃煤机组脱硫标杆上网电价或脱硫加价,对不正常运行的脱硫机组,按其脱硫设施投运率扣减脱硫电价,扣减电价形成的收入专项用于脱硫设施环境管理和脱硫设施监测设备运行工作。《方案》还提出:鼓励利用先进适用技术和节能环保技术;加大财政资金对环保的投入,城市圈各市政府每年安排一定比例的市级污染防治专项资金，作为圈内重点环保项目建设引导资金以及激励奖励金。此外，2010年10月22日湖北省人民政府出台的《关于加强环境保护促进武汉城市圈"两型"社会建设的意见》（下文简称《意见》）明确提出：新建项目须符合国家和省规定的节能减排要求、清洁生产水平，达不到要求的一律不准建设，并严格控制化工、造纸、冶金、农药、电镀等环境高风险行业的项目建设；为加快实施城市圈二氧化硫等主要污染物减排计划，对列入年度减排重点项目计划的企业脱硫工程，未在规定期限内建成并投入运行的，采取一定金额的经济处罚；另外，推进排污权交易，逐步实行排污权有偿取得，制定二氧化硫等主要污染物排污权初始有偿分配相关政策制度，在电力行业逐步开展二氧化硫排污权初始分配有偿取得试点。"两型社会"试验区通过整合能源产业，建立能源价格机制，能够有效减少能源浪费，从而降低能耗总量；在调整制造业内部结构，控制能源工业和大耗能工业部门的发展规模、速度的同时，引导能源转型，抑制粗放生产和消费，提高能源利用效率；遵循发展循环经济与低碳工业化的理念，能够改善环境质量，减轻生态压力，实现节能降耗、节能减排目标（王俊杰，2016；史丹，2018）。设立的环境规制要求企业购置排污设备、限制采用特定要素投入组合进行生产，同时，允许在市场上进行排污权交易，相应地提高了污染企业的生产成本，引导企业减少污染。此外，建立环境监督体系和污染高处罚规定有助于规范行业内生产活动，降低污染生产可能性，再辅以污染防治专项资金、环保财政专项支出的经济手段，激励企业更多地选择清洁生产。因此，针对"两型社会"试验区发展的各项规定，有利于地区能源效率提高和减少污染物排放。

在技术创新方面，《方案》提出：支持和引导科研机构、研究人员围绕"两型社会"建设中的共性技术、关键技术进行研究开发，政策采购优先支持自主创新产品，支持企业引进技术消化吸收和再创新；完善企业技术创新激励机制，引导企业加大科技投入，扶持科技型中小企业开展技术创新。《意见》中又添加"健全环境科技创新和环保人才培养机制，形成具有自主知识产权的核心技术和主导产品"两项规定。以上规定从外部引进技术和内部创新发明两个角度，对企业的清洁生产行为和清洁产品的研发创新提供了政策性鼓励，有助于最终研制出降低污染排放的设备，创造对现有污染问题进行处理的技术，能够带动整个产业生产技术进步和环保技术升级（Chakraborty 等，2017；郑加梅，2018）。

第三节　研究方法

合成控制法的基本思路是将备选的多个控制单元（Control U-nit）加权合成为一个控制组，此控制组与处理组的特征大体相似，然后进行反事实分析。合成控制法、DID 和 PSM – DID 方法是目前广泛使用的政策评估方法（周黎安，陈烨，2005），但 DID 和 PSM – DID 方法要求处理组与控制组遵循严格的共同趋势假定（刘秉镰，吕程，2018），相比之下，合成控制法可以通过合成多个控制单元得到与处理组基本相同的控制组，在政策影响的评估中具有更高的可信性。

假设笔者观测 $(N+1)$ 个地区、T 期的结果变量,其中,地区 i 在 $T_0(1 \leq T_0 \leq T)$ 期开展某自然实验,则其他 N 个地区在 T 期上都属于地区 i 的控制单元。开展该自然实验对地区 i 的结果变量的影响表示成:

$$\alpha_{it} = Y_{it}(1) - Y_{it}(0) \tag{4-1}$$

其中,1 和 0 分别表示地区 i 开展和没有开展自然实验;$Y_{it}(1)$ 与 $Y_{it}(0)$ 分别表示地区 i 开展与未开展自然实验的结果变量。

假设对所有地区 $n(1 \leq n \leq N+1)$,结果变量 $Y_{nt}(0)$ 与 $Y_{nt}(1)$ 满足式(4-2)(4-3):

$$Y_{nt}(0) = \delta_t + \theta_t Z_n + \lambda_t \mu_n + \varepsilon_{nt} \tag{4-2}$$

$$Y_{nt}(1) = Y_{nt}(0) + \alpha_{nt} D_{nt} \tag{4-3}$$

式(4-2)中,δ_t 表示所有地区相同的时间固定效应;Z_n 是 $(r \times 1)$ 维向量,表示地区 n 未开展自然实验时可观测到的协变量;θ_t 是 $(1 \times r)$ 维未知参数向量;μ_n 是 $(F \times 1)$ 维向量,表示地区 n 不可观测的地区固定效应;λ_t 是 $(1 \times F)$ 维不可观测的时间共同效应;ε_{nt} 表示地区 n 不可观测的均值为 0 的随机扰动。式(4-3)中,D_{nt} 是地区 n 是否接受自然实验的虚拟变量,当 $n=i$ 且 $T \geq T_0$ 时,D_{nt} 为 1,其他情况都为 0。因而,当 $n \neq i$ 时,$Y_{nt}(1) = Y_{nt}(0) = Y_{nt}$。

为求得地区 i 在时期 $t \geq T_0$ 未进行自然实验的结果变量 $Y_{it}(0)$,先把其他 N 个非自然实验地区作为控制单元,再利用非参数法进行加权平均,将 N 个地区合成一个控制组。定义权重向量为

$W = (w_1, \cdots, w_{i-1}, w_{i+1}, \cdots, w_{N+1})$。其中，对所有 $w_n \in W$，都有 $0 \leq w_n \leq 1$，$\sum_n w_n = 1$。对于任何满足这两个条件的权重向量 W，都有一个可行的合成控制组，其结果变量是各个控制单元的加权平均：

$$\sum_{n \neq i} w_n Y_{nt} = \delta_t + \theta_t \sum_{n \neq i} w_n Z_n + \lambda_t \sum_{n \neq i} w_n \mu_n + \sum_{n \neq i} w_n \varepsilon_{nt} \quad (4-4)$$

若存在 W^* 满足：

$$\sum_{n \neq i} w_n^* Y_{n1} = Y_{i1}, \sum_{n \neq i} w_n^* Y_{n2} = Y_{i2}, \cdots \quad (4-5)$$

$$\sum_{n \neq i} w_n^* Y_{nT_0} = Y_{iT_0}, 且 \sum_{n \neq i} w_n^* Z_n = Z_i \quad (4-6)$$

那么，在确定 $\sum_{t=1}^{T_0} \lambda_t' \lambda_t$ 非奇异、样本中自然实验发生前期数较多的条件下，可证明 $Y_{it}(0)$ 与 $\sum_{n \neq i} w_n^* Y_{nt}$ 差异趋于零，即后者是前者的较好估计，实验效应的无偏估计为：

$$\hat{\alpha}_{it} = Y_{it}(1) - \sum_{n \neq i} w_n^* Y_{nt}, t \in \{T_0 + 1, \cdots, T\} \quad (4-7)$$

最优权重向量 W^* 须满足：

$$W^*(V) = \arg\min_{\{w\}} \sqrt{(X_1 - X_0 W)' V (X_1 - X_0 W)} \quad (4-8)$$

其中，X_1 表示处理组实施自然实验前可以影响结果变量的预测变量的 $(k \times 1)$ 维向量；X_0 表示各控制单元在自然实验发生前，可以影响结果变量的预测变量组成的 $(k \times J)$ 维矩阵；V 是 $(k \times k)$ 维对称半正定矩阵，代表自然实验发生前各预测变量影响结果变量的权重。最优解 V^* 须满足均方误差（MSPE）最小

的条件, 即:

$$V^* = \arg\min_{\{v\}}(Y_i - Y_{-i}W^*(V))' \cdot (Y_i - Y_{-i}W^*(V)) \quad (4-9)$$

其中, $Y_{-i} = (Y_1, \cdots, Y_{i-1}, Y_{i+1}, \cdots, Y_{N+1})$ 是 $(T_0 \times N)$ 维矩阵, 表示所有控制单元在自然实验发生前的结果变量。

第四节 数据、指标与实证结果

一、数据及变量说明

根据合成控制法的基本思路, 将湖北省作为处理组对, 除湖北省、湖南省以外的其他省份或直辖市给予合理权, 重组成"合成湖北"控制组。为了全面考察"两型社会"试验区试点对经济增长、能源消耗、环境污染和技术创新的影响, 本节选取如下四个指标进行合成:(1)实际 GDP, 以 2003 年为基期的 CPI 进行折算。(2) 单位 GDP 能耗, 即能源消费总量与实际 GDP 之比。(3) 二氧化硫(SO_2) 排放量, 取对数。(4) 技术创新, 用国内发明专利申请授权量测度。借鉴 Alberto 和 Javier (2003) 的选取标准, 结合相关文献和政府出台的文件要求, 本节分别利用不同的协变量对上述指标进行合成。

由于香港、澳门、台湾的政治、经济体制与内地存在差异, 且西藏地区统计数据严重缺失, 本节用除去同样实施了试点政策的湖南省的余下 28 个省、直辖市作为控制组, 湖北省 1 个省作为处理组, 样本期为 2004—2016 年, 以 2008 年作为"两型社会"试验区试点开始的时间,2004—2007年为试点事前期,2008—2016年为试点事后期,所有数据均来自历年《中国统计年鉴》。

二、实证结果

应用Alberto等(2010)开发的Stata程序包Synth,可估计"两型社会"试验区试点对湖北省经济增长、能源消耗、环境污染和技术创新四个方面的影响,如图4-1所示。①

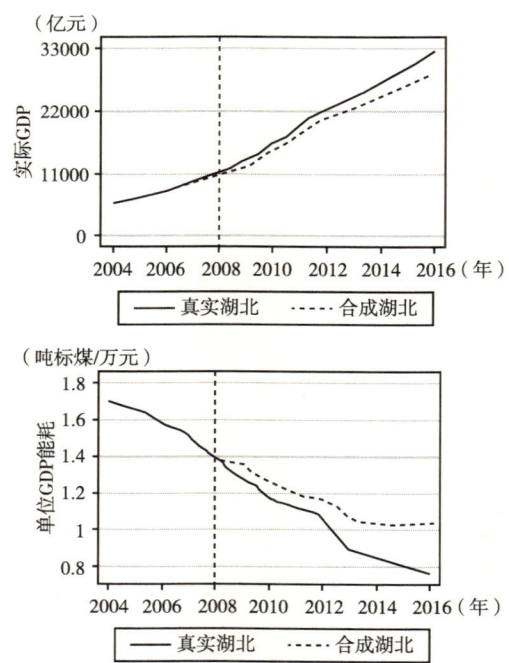

---

① 限于篇幅,本节未报告合成经济增长、能源消耗、环境污染与技术创新四个核心指标的协变量选取。

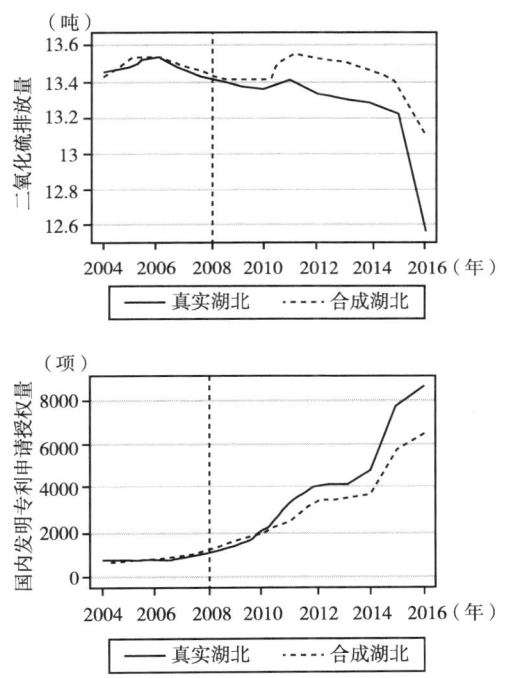

图 4-1　2004—2016 年真实湖北与合成湖北各指标的情况对比

图 4-1 显示，2008 年以前，合成湖北的实际 GDP、单位 GDP 能耗、技术创新指标与真实湖北的轨迹基本重合，而 SO_2 排放量的轨迹吻合度也较高，说明合成控制法很好地拟合"两型社会"试验区试点前的指标特征。而 2008 年以后，湖北省的实际 GDP 高于合成湖北的实际 GDP，说明试点政策促进了湖北省的经济增长；单位 GDP 能耗水平在 2008 年以后合成路径和真实路径也发生分化，且真实值低于合成值，说明试点政策促进了湖北省的单位能源消耗水平降低；SO_2 排放量的真实路径和合成路径一直

存在差异，但整体来看，2008年之前二者的差距远小于2008年之后，且2008年之后真实值与合成值差距不断拉大，说明试点政策促进了湖北省环境质量的改善；技术创新指标上真实湖北和合成湖北之间存在的整体变化差异说明了试点政策促进了地区技术创新水平的提高。

为更好地观察"两型社会"试验区试点的经济效应，本节测算了试点前后真实湖北与合成湖北间四项指标各自的差值，结果如图4-2所示。

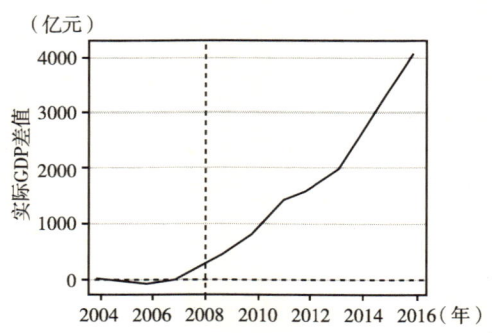

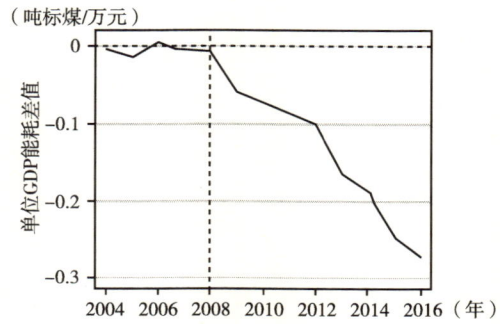

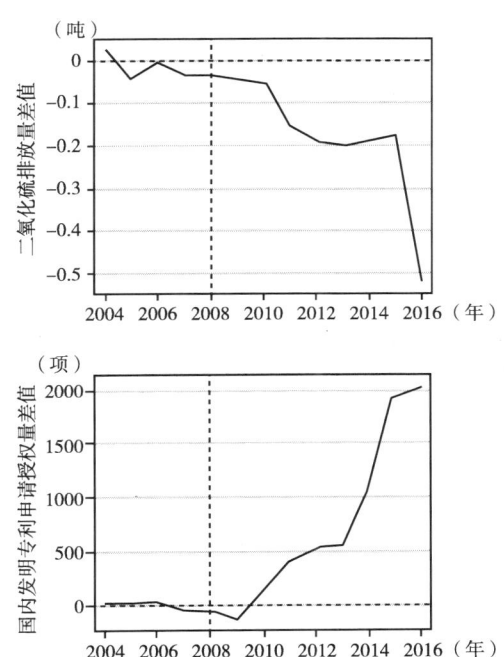

图 4-2 2004—2016 年真实湖北与合成湖北各指标的真实值与
合成值之间的差值

1. 经济增长

2004—2007 年，真实湖北与合成湖北的实际 GDP 差值线与 0 值线基本重合。2007 年，真实湖北的实际 GDP 为 9333.40 亿元，合成湖北的实际 GDP 为 9289.98 亿元，差值为 43.43 亿元。而 2007 年之后差值呈快速递增的趋势，到 2016 年迅速增加到 4116.48 亿元，增幅约为 93.8%。计算 2008—2016 年实际 GDP 的真实值均值与合成值均值之差，可发现试点后湖北省每年的实际 GDP 均值比合成湖北的实际 GDP 均值高 1898.91 亿元，表明"两型社会"试验区的试点给湖北省的实际 GDP 带来年均近 2000 亿元的增长。

进一步考察湖北省产业结构，如图 4-3 所示，可发现 2008—2012 年间，湖北省第二产业占比明显高于第一产业和第三产业的占比，2012 年以后，第三产业的占比开始提高，形成了第二产业和第三产业协同拉动经济增长的局面。因此，作为尚未完成工业化的湖北省而言，经济增长的主要动力在于第二产业和第三产业，尤其是第二产业。湖北省的工业增加值占 GDP 的比重越来越高，工业增加值的增长率始终大于零，说明工业生产效率在不断提升，其发展对 GDP 的贡献随之增加。而工业增长率在 2009 年和 2010 年急剧上升，可能是因为"两型社会"试验区试点政策出台以后，武汉城市圈致力于发展先进制造业和改造提升传统优势产业，促进了湖北省的新型工业化水平提升。

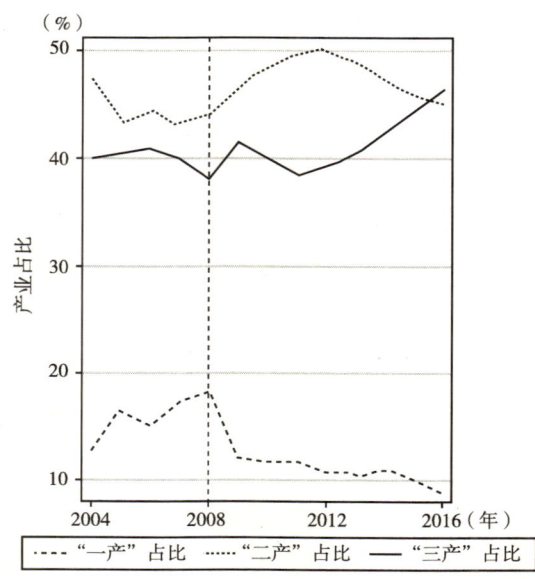

第四章 "两型社会"综合配套改革试验区的经济效应

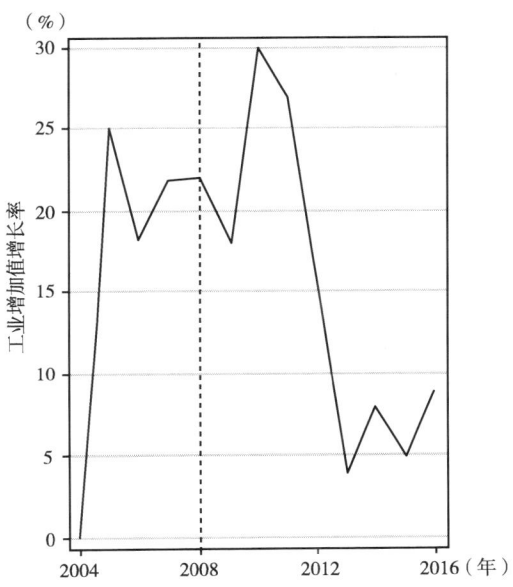

图4-3 2004—2016年湖北省产业结构及工业
增加值的增长趋势

2. 能源消耗

2008年以前,真实湖北与合成湖北的单位GDP能耗差值线与0值线十分接近。2007年,真实湖北与合成湖北的单位GDP能耗分别为1.495327、1.5017246,差值仅为-0.0063976。随后,差值逐渐扩大,2016年,真实湖北与合成湖北的单位GDP能耗分别为0.76485181、1.0421793,差值增加到-0.27732749,增幅为42.35%,意味着"两型社会"试验区试点使得湖北省的单位GDP能耗平均下降0.1341吨标煤/万元。

自试点以来,一方面,武汉城市圈积极淘汰高污染、高能耗企业，另一方面，对污染企业进行技术改造，利用科技创新，逐步减少传统工业对石化能源的过度依赖。如图4-4所示，2005—2016年湖北省能源消费量的增长率总体呈下降趋势，2008年试点后的增长率大幅降低，同时，2008年以后单位GDP能耗也大幅下降，说明试点后湖北省能源利用效率在不断提高。进一步考察各类能源消费的增长率情况，如图4-5所示，2008年之后，煤炭、柴油、燃油、电力、汽油等能源的消费量增长率总体来说大幅下降，而较清洁的天然气的消费量增长率属于例外，呈稳中有升的态势，表明"两型社会"试验区试点促使湖北省的重污染能源的消耗增长速度整体减缓。

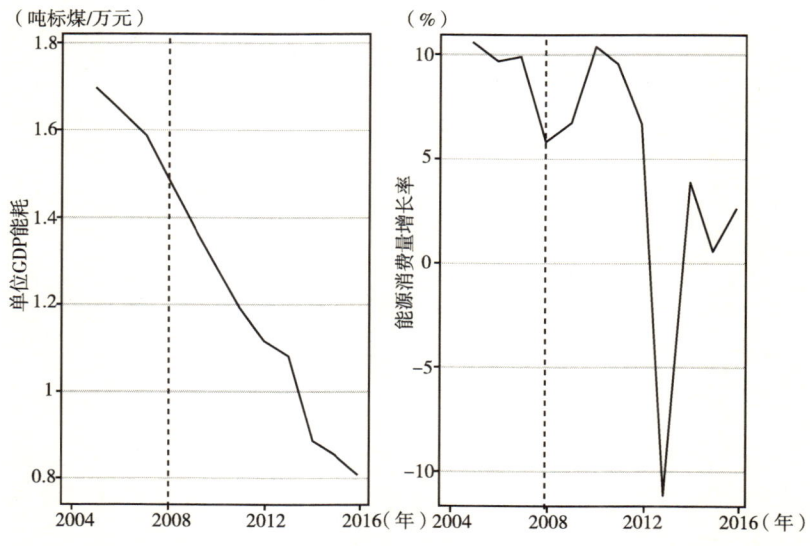

图4-4 2004—2016年湖北省能源消费量增长趋势

第四章 "两型社会"综合配套改革试验区的经济效应

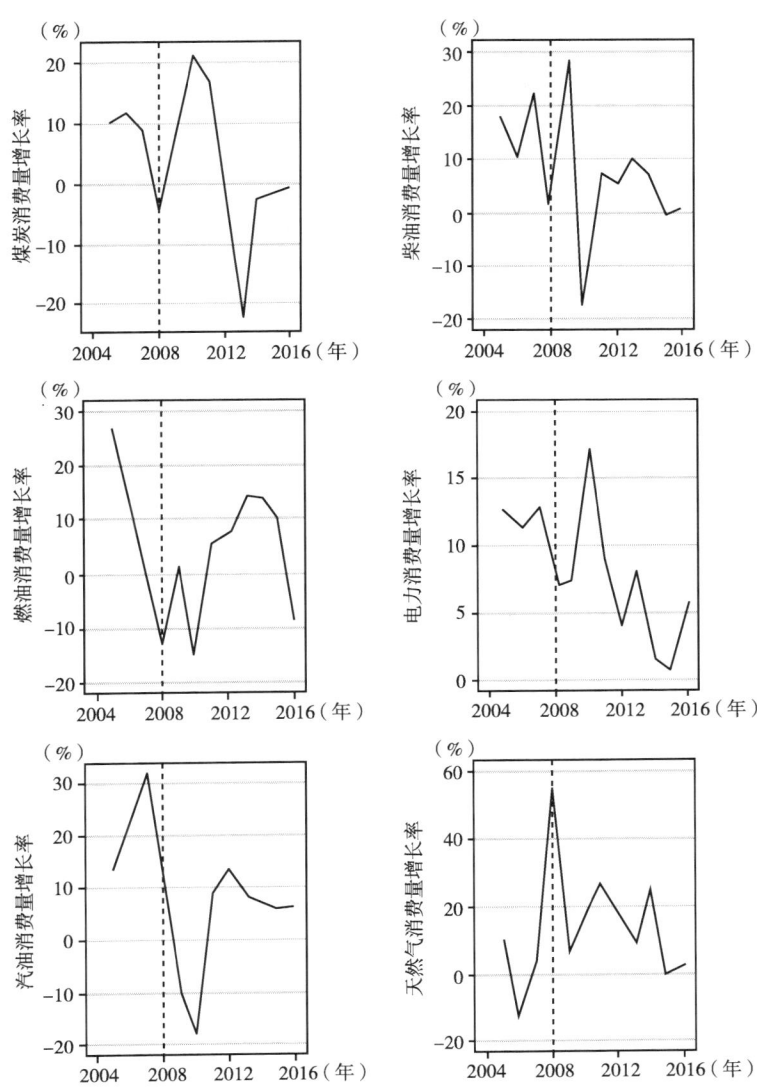

图 4-5 2004—2016 年湖北省各类能源消费量的增长率变化趋势

3. 环境污染

2004—2007 年间，真实湖北与合成湖北的 SO_2 排放量差值偏向负值，距离 0 值线较近。而 2008—2012 年间，该差值逐渐扩大，到 2012 年为 250.76%，随后的 2012—2015 年间差距慢慢缩小，2015—2016 年间差值又提升到 201.14%。总体而言，在"两型社会"试验区试点政策的帮助下，湖北省 SO_2 排放量明显下降。由于环境污染与能源消费之间存在较强的相关性，所以，试点政策可能是通过提高能源利用效率来降低 SO_2 排放量。由于 SO_2 排放量还与钢铁、水泥、化工等资源消耗大、排污量大的产业密切相关（张怡等，2015），如图 4-6 所示，本节观察钢铁、水泥产量分别与工业增加值之比，可发现 2008 年以后两个比率确实呈现大幅下降趋势。

当然，环境质量的改善离不开政府的科技支出和环保资金支持的综合作用。图 4-6 展示了湖北省科技支出和节能环保支出占财政支出的比重。[①] 从该图可知，2007 和 2008 年科技支出比最高，2009 年和 2010 年节能环保支出比最高，且 2007 年以后各年节能环保支出比始终高于 2007 年。

本节的实证结论证实，环境规制可以释放环境红利和经济红利，创造节能减排和经济增长的双赢机会（涂正革，傅立权，2016）。

---

① 2007 年以后湖北省的财政支出中才加入节能环保支出项。

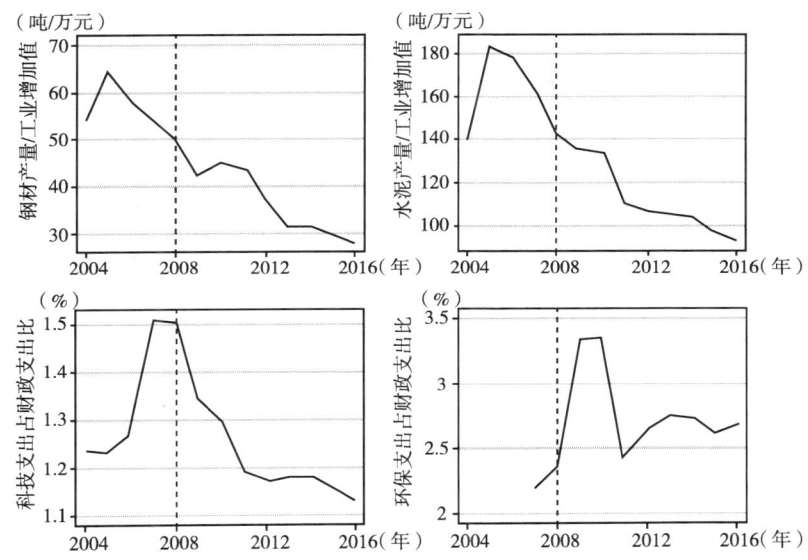

图 4-6　2004—2016 年湖北省代表性污染行业情况及科技支出、环保支出占比

4. 技术创新

2004—2007 年真实湖北与合成湖北的国内发明专利申请授权量的差值基本保持在 0 值左右，2007—2009 年这三年的差值均为负值，到 2010 年转为正值，且增长幅度不断扩大，到 2016 年真实值与合成值之间的差值激增到 2052.5 项，表明"两型社会"试验区试点政策显著促进了湖北省提升技术创新水平，但这种政策效应存在 2 年的滞后，随时间推移政策效应越来越明显。

外商直接投资（Foreign Direct Investment，FDI）和研发投入一直被认为是导致中国专利数量呈几何增长的最重要因素（Smarzynska，2002）。实际上，FDI 与企业研发经费内部支出数额是逐年增加的，如图4-7所示，2008—2011年间，FDI取对数后，增速始终上升，至2011年达到最高值，随后开始下降；2008—2010年间，研发的增速先升高后降低，至2009年达到最高值。而此时间段内湖北省的技术创新政策效应为负值，表明其技术创新能力较大程度上依赖于外商直接投资规模，2010年以后真实湖北与合成湖北的技术创新指标的差值变化更加验证了这一点。

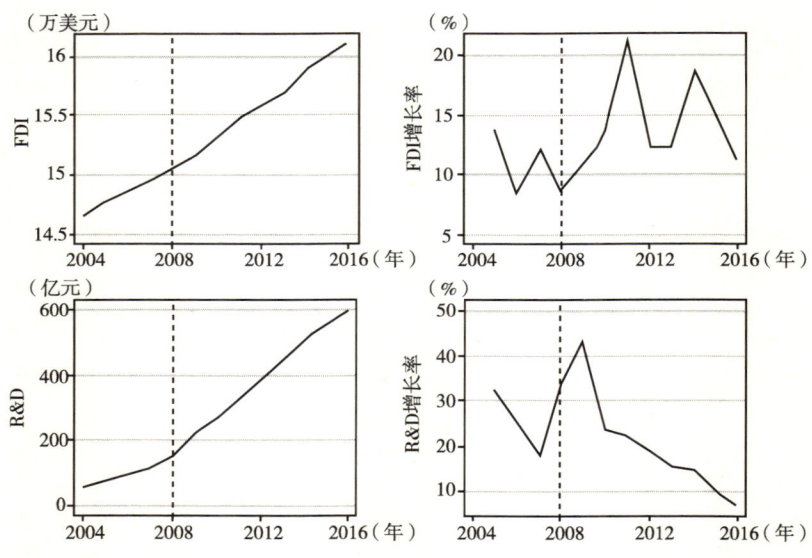

图4-7 2004—2016年湖北省外商直接投资和研发变化情况

第五节 稳健性检验

本节结合Alberto和Javier（2003）提出的安慰剂检验（Placebo Test）方法以及Alberto等（2010）提出的类似秩检验的排列检验

(Permutation Test) 方法进行稳健性检验，有利于保证稳健检验结果的可靠性。其基本思路是：在控制组中随机选定一个未参与"两型社会"实验区试点的省（市），假设其为试点对象，为新处理组，剩余控制组地区为潜在合成控制组，用合成控制法对潜在合成控制组进行权重赋值合成，然后测算政策效应，比较湖北省作为处理组的政策效应与假想的处理组的政策效应大小。若湖北省的政策效应大，且政策效应有足够大的差异，则说明湖北省"两型社会"试验区试点的政策效应显著，反之，则表明结果只是偶然现象，实证结论不稳健。为确保结果的稳健性，本节将湖南省样本也纳入检验，由于个别省（市）数据存在异样，遭遇持平或不连续区域无法计算数字合成结果，故剔除无法合成的省（市）样本。

一、控制组所有省（市）参与的稳健性检验

1. 经济增长

剔除广东省样本，对包括湖南省在内的其他 28 个省（市）进行稳健型检验，计算各地实际 GDP 的真实值与合成值的差值，即试点政策效应，结果见图 4-8 左上图。2008 年以前，湖北省实际 GDP 的真实值与合成值之差靠近 0 值，分布在多数曲线的内部。2008 年之后，政策效应值均大于湖北省的江苏、福建因实际 GDP 事前合成拟合度不高，估计的事后政策效应失真，故不作参考；2008—2014 年湖南省的政策效应略大于湖北省，但 2015—2016 年湖北省反超，其他省（市）实际 GDP 的真实值与合成值之差都为负，证实了本节估计的正向经济增长结论具有一定的稳健性。

2. 能源消耗

剔除广东省样本，单位GDP能耗的真实值与合成值之差结果见图4-8第二张图，图中真实值与合成值之差若为负且越小，则代表单位GDP能耗的真实值远低于合成值，反映能源利用效率越高，政策效应越大。2008年以前，湖北省单位GDP能耗的真实值与合成值之差分布在群簇曲线的内部，与0值线基本重合；2008年之后，大部分省（市）的单位GDP能耗真实值与合成值差值都高于湖北省，只有贵州省在2012年以后低于湖北省，总体表明"两型社会"试验区试点政策促进湖北省单位能耗降低的结论具有一定的稳健性。

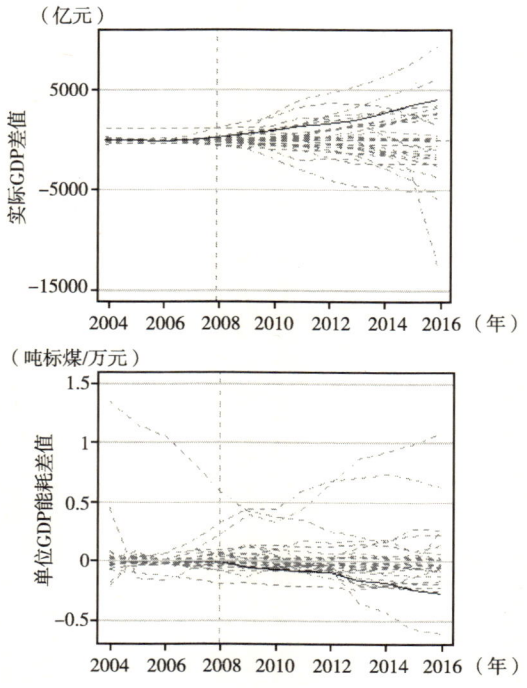

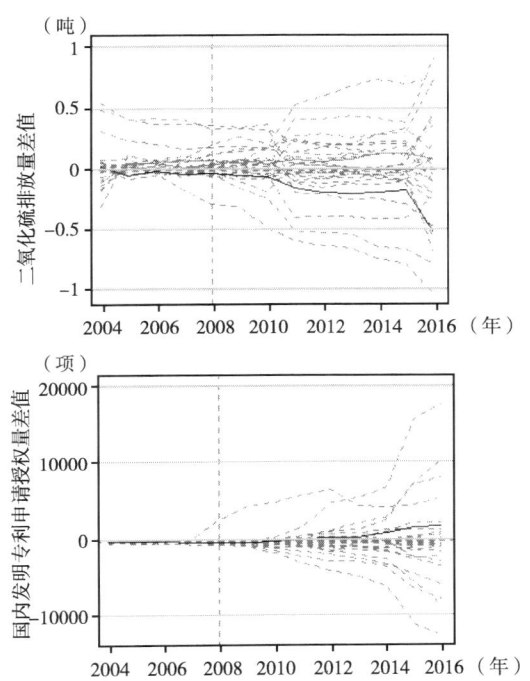

图 4-8　2004—2016 年湖北省及所有省（市）的试验区试点
经济效应稳健性

3. 环境污染

剔除海南省样本，SO_2 排放量的真实值与合成值之差结果见图 4-8 第三张图。2008 年以前，湖北省的 SO_2 排放量真实值与合成值之差位于多数曲线下方，且靠近 0 值线。2008 年之后，大部分省、市 SO_2 排放量的真实值与合成值之差都大于湖北省，而北京、上海、重庆、广西多地 SO_2 排放量的真实值与合成值之差呈现小于湖北省的态势。由于北京市 SO_2 排放量合成值的预测均方根误差 RMSPE 为 0.1059234，高于湖北省的 RMSPE 值 0.0276834，故无须考虑北京结果；广西壮族自治区 SO_2 排放量的真实值与合成值之差虽在后期低于湖北省，但 2008—2010 年间该数值为正，与政策试点的作用时间不符，且 SO_2 排放量的 RMSPE 值 0.4168319 高于湖北省，故不是试点工作的政策影响，重庆市 SO_2 排放量的真实值与合成值之差的变化同湖北省相差不大，可能受区域政策联动影响。总体来说，本节估计的试点政策促进环境污染减轻结论具有一定的稳健性。

4. 技术创新

剔除北京市、青海省的样本，技术创新指标真实值与合成值之差分布结果见图 4-8 最后一张图。2008 年以前，湖北省国内发明专利申请授权量的真实值与合成值之差与 0 值线基本吻合。2008 年之后，该值位于群簇曲线内部，且高于大部分差值的变化，其中，江苏、广东、安徽、浙江、重庆、四川等地的国内发明专利申请授权量的真实值与合成值之差大于湖北省，但合成过程中，江苏、广东、浙江、四川省（市）的 RMSPE 值分别为 36.57888、226.6868、130.7716、34.13765，均高于湖北省的 RMSPE 值 31.29295，故其政策效应估计不作为参考，安徽、重庆两地政策效应略大于湖北省，可能与地区联动影响有关。上述分析表明本节估计的试点政策促进技术创新结论具有一定的稳健性。

二、权重省、市参与的安慰剂检验

在合成的过程中不同的指标有不同的权重省、市,如表 4-1 所示,将各权重省、市作为假想的"两型社会"试验区试点地区进行稳健性检验,相应的差值结果如图 4-9 所示。

表 4-1　　　湖北省四大指标合成时的省、市权重

	经济增长		能源消耗		环境污染		技术创新	
省、市权重	北京	0.127	内蒙古	0.287	北京	0.059	北京	0.084
	天津	0.228	黑龙江	0.261	黑龙江	0.112	河北	0.105
	黑龙江	0.01	福建	0.2	山东	0.206	辽宁	0.169
	广东	0.003	河南	0.159	广东	0.08	吉林	0.599
	四川	0.632	广东	0.094	云南	0.367	海南	0.042
					新疆	0.107		
预测均方根误差	41.98085		0.0067116		0.0276834		31.29295	

由图 4-9 可知,剔除权重省份广东省后,四个权重省(市)经济增长政策效应总体小于湖北省(如图 4-9 第一张图所示);剔除权重省份广东省后,四个权重省(市)单位能耗真实值与合成值之差高于湖北省(如图 4-9 第二张图所示);除了北京市合成效果欠佳估计结果不可信之外,其他五个权重省(市)SO_2排放量真实值与合成值之差均高于湖北省(如图 4-9 第三张图所示);剔除权重直辖市北京市后,湖北省技术创新水平指标的真实值与合成值之差始终位于所有曲线的最上端(见图 4-9 第四张图)。以上检验可说明"两型社会"试验区试点政策对湖北省产

生显著影响的结论具有一定的稳健性。

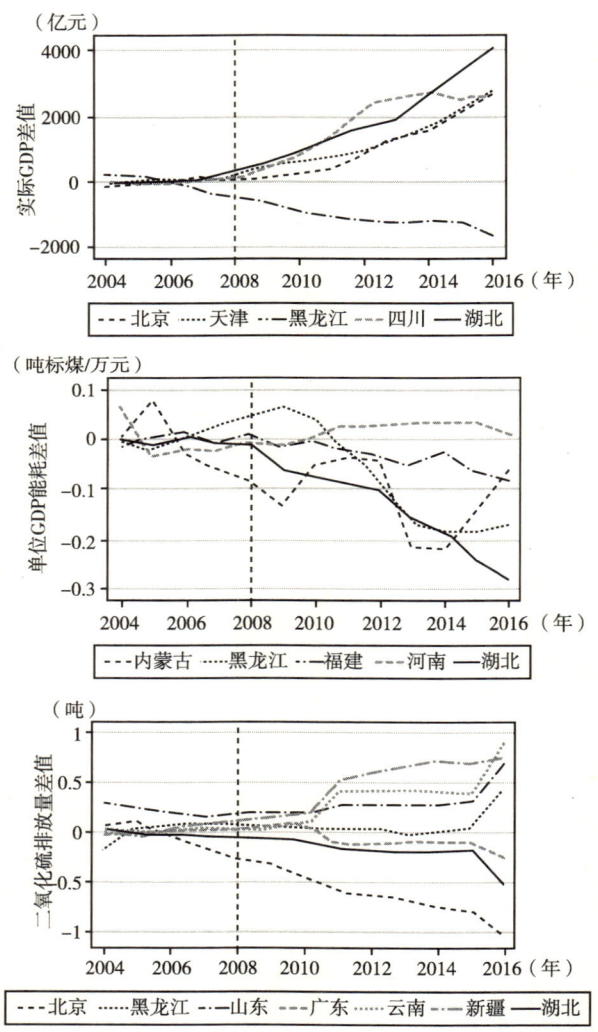

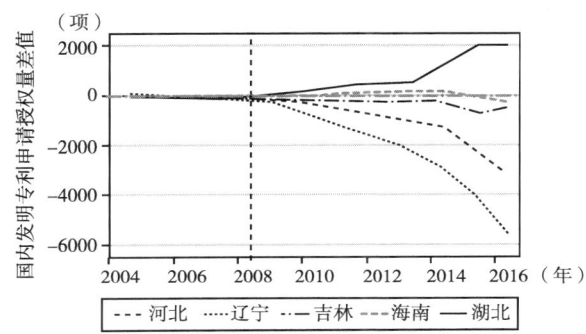

图4-9 2004—2016年湖北省及其权重省（市、区）的试验区试点经济效应稳健性

第六节 小 结

本章采用合成控制法估计了"两型社会"试验区试点对湖北省产生的经济效应，实证结果表明，试点政策对湖北省的经济增长、能源消耗、环境污染和技术创新发挥了良好的政策作用，该结论通过了稳健性检验，证实环境规制可以释放环境红利和经济红利，创造节能减排和经济增长的双赢机会。

为更好建设"两型社会"试验区并在全国范围内推广，政府可以考虑在以下方面作出努力：（1）将产业结构调整视为经济发展的最大助力，挖掘区域整体节能潜力，改造提升传统产业、发展高新技术产业，不断提高生产效率。（2）把转变经济发展方式作为提高能源利用率的首要任务，构建节约型能源消费结构，倡导开发太阳能、水能等新型清洁能源，逐步降低对煤炭等高污染能源的依赖。（3）政府要对高污染行业设置高的准入门槛，针对现有的高耗能行业经济活动进行干预，加强对污染企业的检查监管力度，培育和发展低能耗、低排放、低污染、高效益的新兴产业，引导企业摒弃传统的以牺牲资源为代价的粗放型发展方式，坚持走循环低碳发展道路。（4）企业要提高引进的外商投资质量，扩大外商直接投资规模，消化吸收外资企业高新技术，政府对企业购买环保产品以及新工艺投入实行税收抵扣和减免扶持。

附录

附表 4-1　　　　　　　合成指标选择

合成指标	指标选择	单位
经济增长	实际 GDP	亿元
能源消耗	单位 GDP 能耗	吨标煤/万元
环境污染	二氧化硫排放量对数	吨
技术进步	国内发明专利申请授权量	项

附表 4-2　　合成经济增长指标的协变量选择

合成指标	协变量	计算方法	单位
实际 GDP	总人口		万人
	高校在读学生数占比	高校在读学生数/总人口	%
	全社会固定资产投资总额占比	全社会固定资产投资总额/GDP	%
	第二产业生产值占 GDP 比重	第二产业生产值/GDP	%
	第三产业生产值占 GDP 比重	第三产业生产值/GDP	%
	运营线路网长度		公里
	政府财政支出		亿元
	外商投资企业年末注册登记投资额		万美元
	进出口总额	出口-进口	千美元

附表 4-3　　合成能源消耗指标的协变量选择

合成指标	协变量	计算方法	单位
单位GDP能耗	实际GDP		亿元
	煤炭消费量占能源消费量比重	煤炭消费量/能源消费量	%
	发电量		亿千瓦小时
	煤气生产和供应业投资额		亿元
	电力、蒸汽、热水生产和供应业投资		亿元
	总人口		万人
	工业增加值占GDP比重	工业增加值/GDP	%
	汽油消费量占能源消费量比重	汽油消费量/能源消费量	%
	天然气消费量占能源消费量比重	天然气消费量/能源消费量	%
	柴油消费量占能源消费量比重	柴油消费量/能源消费量	%
	燃油消费量占能源消费量比重	燃油消费量/能源消费量	%
	电力消费量占能源消费量比重	电力消费量/能源消费量	%
	能源消费量		万吨标煤

附表 4-4　　合成环境污染指标的协变量选择

合成指标	协变量	计算方法	单位
二氧化硫排放量的对数	真实 GDP		亿元
	第二产业生产值占 GDP 比重	第二产业生产值/GDP	%
	第三产业生产值占 GDP 比重	第三产业生产值/GDP	%
	工业增加值占 GDP 比重	工业增加值/GDP	%
	能源消耗量	能源消费量	万吨标煤
	发电量		亿千瓦时
	煤炭消费量对数	Ln（煤炭消费量）	万吨
	柴油消费量对数	Ln（柴油消费量）	万吨
	燃油消费量对数	Ln（燃油消费量）	万吨
	电力消费量对数	Ln（电力消费量）	亿千瓦时
	工业污染治理完成投资占 GDP 比重	工业污染治理完成投资额/GDP	%
	治理废气完成投资占 GDP 比重	治理废气完成投资额/GDP	%
	钢材产量对数	Ln（钢材产量）	万吨
	水泥产量对数	Ln（水泥产量）	万吨
	政府科技支出		亿元
	煤炭消费量占能源消费量比重	煤炭消费量/能源消费量	%
	柴油消费量占能源消费量比重	柴油消费量/能源消费量	%
	燃油消费量占能源消费量比重	燃油消费量/能源消费量	%
	电力消费量占能源消费量比重	电力消费量/能源消费量	%
	钢材产量		万吨
	水泥产量		万吨

附表 4-5　　合成技术进步指标的协变量选择

合成指标	协变量	计算方法	单位
国内发明专利申请授权量	第二产业生产值占 GDP 比重	第二产业生产值/GDP	%
	第三产业生产值占 GDP 比重	第三产业生产值/GDP	%
	实际 GDP		亿元
	进出口总额	出口 + 进口	千美元
	外商投资企业数		家
	固定资产投资价格指数		%
	政府财政支出占 GDP 比重	财政支出/GDP	%
	政府教育支出占财政支出比重	教育支出/财政支出	%
	政府科学技术支出占财政支出比重	科技支出/财政支出	%
	国内专利申请授权量		项
	技术市场成交额		亿元
	研究与试验发展（R&D）经费内部支出		亿元
	国内实用新型专利申请授权量占国内专利申请授权量比重	国内实用新型专利申请授权量/国内专利申请授权量	%
	互联网人数占总人口比重	互联网人数/总人口	%
	高校在读学生数占总人口比重	高校在读学生数/总人口	%
	城镇科研、技术和地质勘查单位就业人员数占城镇单位就业人员（年底数）比重	城镇科研、技术和地质勘探单位就业人员数/城镇单位就业人员数（年底数）	%
	城镇科学研究、技术服务和地质勘探业单位就业人员数		万人

附表 4-6　　　　　　合成的权重地区

实际 GDP		单位 GDP 能耗	
RMSPE	41.98085	RMSPE	0.0067116
地区	权重	地区	权重
北京	0.127	内蒙古	0.287
天津	0.228	黑龙江	0.261
黑龙江	0.01	福建	0.2
广东	0.003	河南	0.159
四川	0.632	广东	0.094
二氧化硫排放量的对数		国内发明专利申请授权量	
RMSPE	0.0276834	RMSPE	31.29295
北京	0.059	地区	权重
黑龙江	0.112	北京	0.084
山东	0.206	河北	0.105
广东	0.08	辽宁	0.169
四川	0.07	吉林	0.599
云南	0.367	海南	0.042
新疆	0.107	—	—

第五章

"两控区"政策与绿色全要素生产率

第一节 引 言

绿色发展要求以节约资源和保护环境为导向,强调在资源环境约束下,投入要素和全要素生产率(TFP)对产出增长的贡献此消彼长,实现经济增长与资源消耗、污染排放脱钩(胡鞍钢等,2014)。而绿色全要素生产率(GTFP)作为对传统全要素生产率的修正,是转变经济发展方式的主要动力(Young,1995),因而,绿色发展的本质其实是提升GTFP。当前,发达国家和部分新兴国家正在实施绿色发展战略,其共同点是采用更加严格的环境规制和更加积极的环境措施,以保护生态环境和节约资源。那么,严格的环境规制究竟能否提升GTFP并促进绿色发展呢?对该问题的回答无疑有助于制定和推广与绿色发展战略相关的制度和政策,并为下一步的绿色发展规划作出决策。

已有的相关文献大多未考虑资源环境的约束,从企业、行业或区域层面分析环境规制对TFP的影响,结论不尽相同。例如,王杰等(2014)认为,环境规制与企业TFP之间呈倒"N"型关系。徐彦坤等（2017）借助2003年国务院实施的环保重点城市限期达标制度，作为识别环境规制的准实验机会，估计了环境规制对企业生产率的影响，发现相比较达标城市企业，该政策实施使得非达标城市企业平均TFP相对下降1.96%。李树等（2013）发现，中国2000年对《大气污染防治法》（APPCL2000）的修订显著提高了空气污染密集型工业行业的TFP，且其边际效应随时间推移呈递增趋势。Naso等人（2017）发现，环境规制并未提高行业全要素生产率，但会在空间上重新分配生产力。靳亚阁等（2016）测算出2003—2013年中国280个地级及以上城市的工业TFP，实证分析后得到的结论是：环境规制对不同城市的工业TFP影响不一致。

随着绿色发展理念的不断深化，有些学者意识到以不考虑资源环境约束的TFP衡量经济发展存在的缺陷，开始将资源环境因素纳入经济增长的分析框架，并用GTFP衡量经济发展，如李小胜等（2012）基于中国36个二位数行业数据的分析得出GTFP普遍低于TFP的结论，王兵等（2010）、李卫兵等（2017）运用SBM方向性距离函数分别测算了中国省际和城市的GTFP。但这些文献只是从行业或者区域的角度测算了GTFP，并未深入考察环境规制对GTFP的影响，少数学者对此进行了有益的尝试。其中，分析环境规制对行业GTFP影响的代表性研究包括：陈诗一（2010）发现，中国实行的一系列节能减排政策有效地推动了工业绿色生产率的持续改善，有望实现新一轮的绿色工业革命；李斌等（2013）估计出环境规制和中国工业发展方式转变间存在非线性关系，并计算出门槛值，厘清了环境规制通过GTFP作用于工业发展方式转变的机理；Li 等人（2016）也发现，中国的节能政策对中国的绿色发展至关重要，且中国制造业实施的节能政策远未达到最佳水平，加大执法力度有利于提高制造业绿色生产力。而分析环境规制对地区 GTFP 的影响研究很少，主要有：蔡乌赶等（2017）发现，三种环境规制对省域 GTFP 的双重影响机理和效应不尽相同，总体而言，环境规制通过技术创新、要素结构和 FDI 三条路径对 GTFP 产生间接影响，其中，要素结构的间接效应最大；冯志军等（2017）认为，不同类型的环境规制对中国经济绿色增长的影响具有区域差异。

上述文献均采用具体指标（如环境法规个数、排污费总额、群众上访批次、污染治理费用等）来度量环境规制，不同的学者采用不同的环境规制指标分析所得出的结论也不尽相同，而学术界关于环境规制指标的选取尚存在不少争议。更重要的是，以具体指标去衡量环境规制程度难以避免环境规制与其他变量之间的内生性问题，这是相关研究的一个重大缺陷。本章试图弥补已有文献的这一缺陷，基于 1998 年 1 月国务院正式批复酸雨控制区和二氧化硫污染控制区（即"两控区"）划分方案这一重大环境政策变动，利用双重差分（Difference in Difference，DID）方法识别环境规制对 GTFP 的影响。DID 方法将政策实施作为一次自然实验，以此来控制事前差异，从而有效地将真实的政策效应分离出来。需要指出的是，"两控区"城市的选定并不是随机的，而是受到城市污染水平、能源消费等条件的影响，这违背了使用 DID 方法所必须满足的不可忽略处理分配的前提条件。当处理组和控制组由于非随机选择过程而不平衡时，"两控区"政策不再是外生的，而是由其他因素所决定的内生变量，此时，简单地进行 DID 回归会产生有偏估计，因此，本章用倾向得分匹配（Propensity Score Match，PSM）方法来控制处理组和控制组之间的系统性差别，以实现数据平衡，同时，还能减少数据偏差和混杂变量的影响。

  与既有的文献相比，本章试图在以下几个方面有所贡献：第一，本章首次基于 1998 年实施的"两控区"政策和中国地级以上城市的相关数据，利用 PSM 和 DID 相结合（PSM - DID）的方法准确识别环境政策对 GTFP 的影响，既克服了传统的 OLS 估计易受不可观察因素影响的缺陷，也克服了 DID 方法要求处理组与控制组之间具有相同趋势的假设，因而可以得到无偏估计。第二，本章做了大量的稳健性检验，包括时间安慰剂检验、地区安慰剂检验等，证实了基准回归结果的稳健性。第三，本章进行的异质性检验说明，"两控区"政策对 GTFP 的影响在东、中和西部城市以及经济特区和非经济特区城市之间具有显著的异质性。第四，本章从理论上阐明了"两控区"政策对 GTFP 的影响机制，并采用 PSM - DID 方法对理论机制进行了实证检验。

第二节　政策背景及理论机制

一、"两控区"政策的提出背景

  改革开放以来，中国经济呈高速增长态势，其中，重工业增长速度飞快，以煤炭为代表的能源被迅速投入工业生产，由此造成20世纪90年代"高投入、高消耗、低产出"的粗放型经济发展模式。煤炭的大量消耗必然导致严重的酸雨和二氧化硫污染，危害居民健康，破坏生态系统，成为经济持续发展的制约因素。在此背景下，1998年1月国务院正式提出"两控区"划分方案，并明确了"两控区"酸雨和二氧化硫污染控制的目标。其中，酸雨区划分标准为：（1）现状监测降水pH≤4.5；（2）硫沉降超过临界负荷；（3）二氧化硫排放量较大的区域。二氧化硫污染控制区划分标准为：（1）近年来空气二氧化硫年平均浓度超过国家二级标准；（2）二氧化硫日平均浓度超过国家三级标准；（3）二氧化硫排放量较大；（4）以城市为基本控制单元。"两控区"包括175个地级以上城市和地区，区内总人口约占全国的39%。

随后，中国陆续颁布一系列补充条例以促进"两控区"政策的实施，包括：2000年，通过新修订的《中华人民共和国大气污染防治法》，明确规定了治理酸雨及二氧化硫污染的具体政策与措施；2002年，批复《"两控区"酸雨和二氧化硫污染防治"十五"计划》，明确要求落实有关的污染防治政策、措施和项目，切实改善酸雨控制区和二氧化硫污染控制区的环境质量；2006年，出台《二氧化硫总量分配指导意见》，按照公开、公平、公正的原则制定二氧化硫总量分配指导方案；2008年，发布《国家酸雨和二氧化硫污染防治"十一五"规划》的通知，对"两控区"政策实施效果进行总结，并对未来五年目标进行规划。这些政策均有利于"两控区"政策的顺利实施。

二、"两控区"政策影响 GTFP 的理论机制

"两控区"政策可能导致地方政府的环境治理支出挤占财政支出，造成以财政支出占 GDP 比重来衡量的政府规模缩小。政府规模与生产率之间并非单调的"非正即负"的关系，这是因为当政府规模较小时，公共物品与服务的供给相对不足，政府扩大公共支出则能有效弥补市场失灵，从而促进生产率增长。而随着政府规模扩大，政府对经济的过度干预导致资源无效或低效，从而对生产率带来负面影响（杨子晖，2011）。近年来，有学者在对中国各地级市资源配置状况进行精确测算的基础上，通过实证检验发现，政府规模扩大恶化了中国的资源配置效率，降低了企业生产率（朱荃等，2016）。

"两控区"政策对人力资本的影响存在两个不同的方向：一方面，可能迫使企业进行技术创新，加大对研发人员的需求，从而提升人力资本发展水平；另一方面，也可能促使企业迁出"两控区"城市，降低"两控区"城市劳动力的就业机会并影响其人才引进与知识成果的转化，从而降低人力资本水平。而人力资本是影响生产率提升的关键因素（Aiyar et al.，2002）。

污染天堂假说认为，企业为规避本国严格的环境规制带来的高生产成本而倾向于转移到环境规制比较宽松的国家，从而加剧东道国的环境污染。因此，"两控区"政策作为一项严格的环境规制政策，可能会降低"两控区"城市的 FDI 水平（Cai et al.，2016）。而 FDI 可以通过技术、资本等溢出效应对生产率的提升带来正向影响（周永文，2016）。

"两控区"政策对产业结构的影响也存在两面性：一方面，它会抑制重工业的发展，尤其是高载能、高污染的行业；另一方面，它也能提高国家和社会对环境保护的重视程度，并促使企业按规定装配相关污染的处理装置，为环境保护相关设备的生产企业提供发展机遇，从而促进环保产业的发展。因此，"两控区"政策是否能促进区内城市的产业结构升级并不明确。根据结构红利假说，随着产业结构升级，生产要素逐渐从低生产率部门向高生产率部门转移，从而提高生产率（张少辉等，2014；钟茂初等，2015）。

虽然技术进步是 TFP 提升的关键因素，但"两控区"政策（与其他环境政策一样）对技术水平的影响却存在争议。一方面，"两控区"政策明令要求已有企业必须淘汰低劣生产设备，这无疑会迫使企业进行技术升级与生产创新以提高自身竞争力，从而提升 TFP（Rubashkina et al.，2015）。另一方面，企业为应对严格的环境规制而实施绿色技术创新，需要投入额外的人力、物力以及财力，这增加了企业在技术创新领域的耗费。同时，初期的绿色技术创新一般表现为高成本、低收益的特征，这种创新缺乏规模效益，难以与现有企业进行技术竞争，进而企业在技术创新上的投资可能挤出其他领域的投资，在一定程度上将会造成资源配置失当，从而降低 TFP（熊艳，2012）。

此外，由于 GTFP 是在考虑资源环境约束的情况下对传统 TFP 的修正，因而，能源投入增加和污染加剧都会抑制 GTFP 水平。而"两控区"政策明令禁止使用质量低下的燃煤，同时，要求已有企业必须安装除硫设备，从而引导企业从能源创新上进行突破，增加对污染治理的投资，使用清洁能源，提高能源利用效率或升级绿色的技术手段与设备，最终实现节约能源和降低环境污染（吴明琴等，2016），并提升 GTFP 水平。

第三节　方法与数据

一、PSM – DID 模型

根据是否实施"两控区"政策，笔者将全部样本分为两组，即实施"两控区"政策的城市为处理组，未实施的城市为控制组。为了对"两控区"政策的效果进行准确识别，笔者采用 PSM 方法控制样本选择偏误问题。其基本思路是：在评估某项政策的效果时，只要找到与处理组尽可能相似的样本，形成控制组来与处理组作对比分析，就可大大降低样本选择偏误问题造成的估计误差，提高实证结果的准确性。此外，在样本中寻找控制组时，如果只选择一种指标进行匹配往往得不到理想的结果，而 PSM 方法将多个指标合成为一个指标倾向得分值（Propensity Score）来匹配，可得到多元匹配的结果。

使用 PSM 方法得到处理组与匹配后的控制组后，即可使用 DID 方法估计出"两控区"政策对 GTFP 的净效应。首先，设置 TCZ 虚拟变量，对于处理组的城市，$TCZ = 1$，对于控制组的城市，$TCZ = 0$。然后，设置 $Post$ 虚拟变量，对于"两控区"政策实施以前的年份，$Post = 0$，对于"两控区"政策实施当年

及之后的年份,$Post=1$。从而,可将 DID 回归方程设定为如下形式:

$$GTFP_{it} = \alpha_0 + \alpha_1 TCZ_{it} + \alpha_2 Post_{it} + \alpha_3 TCZ_{it} \times Post_{it} + \alpha_4 X_{it} + \varepsilon_{it}$$

(5-1)

式中,X_{it}表示第 i 个城市第 t 年的一系列控制变量,ε_{it}表示随机干扰项,被解释变量 GTFP 为使用上文介绍的测算方法计算而得到的 ML 生产率指数。交互项 $TCZ \times Post$ 即为双重差分法估计量,其回归系数α_3反映"两控区"政策的实施对 GTFP 的净效应。

二、指标选择与数据来源

1. 计算 GTFP 的指标

GTFP 的计算方法同本书第二章,选择的指标有投入指标、期望产出和非期望产出指标。投入指标包括:(1)资本投入,笔者采用目前使用最广的永续盘存法估算资本存量。借鉴柯善咨(2014)的方法,定义$K_t = K_{t-1} \times (1-\delta) + (I_t + I_{t-1} + I_{t-2})/3$,式中$K_t$表示第 t 年的资本投入,I_t为第 t 年的不变价格固定资产投资额;参考单豪杰(2008)的文章,设定折旧率 δ 为 10.96%;基期的资本量由$K_0 = I'_0 \times (1+g)/(g+\delta)$确定,其中 g 为不变投资I'_t的平均增长率,I'_0为初始年份的不变价格固定资产投资额。(2)劳动投入,笔者借鉴大多数文献的处理方法,以历年从业人员数代表劳动投入。(3)能源投入,由于中国仅公布能源消耗总量的省级数据,因此,本章以各城市工业总产值占该省工业总产值的比重乘以该省的能源消耗总量来估算各城市的能源消耗量。

产出指标包括：（1）期望产出，本章采用以1990年不变价格计算的实际GDP作为各城市的期望产出。（2）非期望产出，由于"三废"（工业废水、工业二氧化硫和工业粉尘）存在高度的相关性，且以"三废"指标核算的GTFP能更准确地衡量绿色发展，因此，本章以计算而得的综合污染指数代表非期望产出，即以各城市工业总产值占该省工业总产值的比重，分别乘以该省的"三废"排放量估算各城市的"三废"排放量，然后，利用熵值法计算综合污染指数。

2. 控制变量的指标选取

参考相关理论以及文献，笔者选取的控制变量包括：（1）政府规模，本章借鉴刘瑞明等（2015）的做法，用城市全年财政支出占GDP的比重来衡量。（2）人力资本，用每万人中普通高等在校大学生数来衡量城市人力资本水平。（3）FDI，用城市外商直接投资占GDP比重来衡量。（4）技术水平，用实用型和创新型专利授予数量来度量。考虑到中国仅统计省级数据，笔者以各城市在校大学生人数占该省在校大学生人数的比重乘以该省的实用型和创新型专利授予数量进行估算。（5）产业结构，以各城市工业总产值占GDP的比重来衡量。

由于部分城市数据缺失，笔者从样本中删除了这些城市，最终样本包含218个地级及以上城市，样本期为1990—2014年。上述变量的数据来源及详细计算方式如表5-1所示。

表 5-1　　　　　　　主要变量及其计算方法

变量	计算方式	数据来源
测算 GTFP 的变量		
资本投入（万元）	利用永续盘存法得到实际资本投入	《中国城市统计年鉴》
劳动投入（万人）	城镇单位从业人数 + 私营与个体从业人数	《中国城市统计年鉴》
能源消耗（万吨标准煤）	（城市工业产值/省工业总产值）×省能源消耗量	《中国能源统计年鉴》
期望产出（万元）	基年 GDP × 实际 GDP 增长率	《中国城市统计年鉴》
非期望产出（万元）	利用熵值法与"三废"排放量得到综合污染指数	《中国统计年鉴》
PSM-DID 估计的控制变量		
政府规模（%）	地方政府财政支出/GDP	《中国城市统计年鉴》
人力资本（人/百万）	每百万人中普通高等学校的在校学生数	《中国城市统计年鉴》
FDI（%）	（实际利用外商直接投资额×汇率）/GDP	《中国城市统计年鉴》
技术水平（个）	人力资本占比×各省适用性和创新性专利授予数量	《中国统计年鉴》
产业结构（%）	工业总产值/GDP	《中国城市统计年鉴》

3. 变量的描述性统计

变量的描述性统计如表 5-2 所示。显然，在政策实施之前，"两控区"城市与非"两控区"城市的 GTFP 存在显著差异，且"两控区"城市的 GTFP 更高。而在政策实施之后，"两控区"城市与非"两控区"城市的 GTFP 均出现下降趋势，且二者之间的差距在缩小。在其他控制变量方面，"两控区"城市和非"两控区"城市的 FDI 在政策实施之前、之后无显著差异;在政策实施之前,"两控区"城市和非"两控区"城市的政府规模和产业结构均无显著差异,而在政策实施之后,所有样本城市的政府规模和产业结构均大幅下降,但非"两控区"城市的政府规模显著大于"两控区"城市,而非"两控区"城市的产业结构则显著小于"两控区"城市;此外,在政策实施之前,"两控区"城市的人力资本与技术水平都显著高于非"两控区"城市,而在政策实施之后,"两控区"城市和非"两控区"城市的人力资本和技术水平均呈上升趋势,且二者间仍存在显著差异。

表 5-2　　　　　　　主要变量的描述性统计

变量	"两控区"政策实施之前			"两控区"政策实施之后		
	处理组均值	控制组均值	均值差	处理组均值	控制组均值	均值差
GTFP	1.1159	1.0670	0.0489** (0.0203)	0.9798	0.9550	0.0248*** (0.0061)
政府规模	2.7436	0.8578	1.8858 (2.0214)	0.0995	0.1153	-0.0159*** (0.0025)
人力资本	3.0780	2.5504	0.5276*** (0.0641)	4.4822	3.8564	0.6258*** (0.0421)
FDI	2.9204	0.0553	2.8651 (2.1138)	0.0379	0.0411	-0.0031 (0.0059)
技术水平	4.0970	3.2470	0.8499*** (0.0758)	5.8009	4.7455	1.0554*** (0.0600)
产业结构	27.7249	14.2869	13.438 (21.8991)	6.0259	4.2453	1.7806*** (0.5092)

注:均值差=处理组均值-控制组均值。括号内为相应的标准误;*、**、*** 分别表示 10%、5%、1% 的显著性水平。人力资本与技术均取自然对数,本章后文的回归同样作此处理。

第四节 实证分析

一、倾向得分值匹配与平衡性检验

如前文所述,"两控区"城市的选择并不是外生的,会受到城市自身诸条件的影响。因此,在进行回归分析之前,需要根据处理组与控制组估计倾向得分,通过 Logit 模型计算倾向得分值(Lian et al.,2011),即各城市进入"两控区"政策实施地区的概率。笔者以 TCZ 虚拟变量作为被解释变量,然后,对前文选定的各控制变量进行 Logit 回归(结果见表5-3),该回归结果将用于倾向得分匹配。由表5-3可知,政府规模在1%的显著性水平负向影响"两控区"城市的选择,说明政府规模较小的城市更容易进入"两控区"政策实施地区。而 FDI、技术水平和产业结构均在1%的显著性水平正向影响"两控区"城市的选择,说明 FDI、技术水平和工业化水平较高的城市更可能进入"两控区"政策实施地区。人力资本则对城市入选"两控区"政策实施地区没有显著影响。

表5-3　　　　　Logit 倾向得分估计

变量	系数	标准误
政府规模	-1.8385***	0.3043
人力资本	0.0095	0.0359
FDI	2.0036***	0.3534
技术水平	0.3166***	0.0279

续表

变量	系数	标准误
产业结构	0.0091***	0.0026
常数项	0.9771***	0.0939
R^2	0.0577	—
N 值	5073	—

注：*、**、***分别表示10%、5%、1%的显著性水平。

为保证 DID 估计的准确性，笔者要对政策实施前的城市进行匹配，以减少样本异质性影响，采用的匹配方法为文献中通用的核匹配法。表5-4报告了匹配后样本的数据平衡性检验结果，可知匹配后即便在10%的显著性水平下，政府规模、人力资本、FDI 与产业结构等匹配变量也不显著，说明匹配后处理组均值与控制组均值不再存在显著差异，证实了数据的平衡性。

表5-4　　　　　匹配后样本的平衡性检验

匹配变量	控制组均值	处理组均值	处理组均值－控制组均值
政府规模	0.062	2.744	2.681 (1.46)
人力资本	3.104	3.078	-0.026 (0.42)
FDI	0.055	2.920	2.865 (1.45)
技术水平	3.926	4.097	0.171** (2.27)
产业结构	4.872	27.725	22.853 (1.15)

注：*、**、***分别表示10%、5%、1%的显著性水平。括号里为相应的 t 值。

第五章 "两控区"政策与绿色全要素生产率

此外,笔者也可对估计的匹配前和匹配后的倾向得分密度进行比较(见图5-1和图5-2)。由两图可知,匹配前"两控区"城市与非"两控区"城市的倾向得分值差异较大,而匹配后二者之间的差距大幅缩小,再次证实匹配后数据的平衡性。

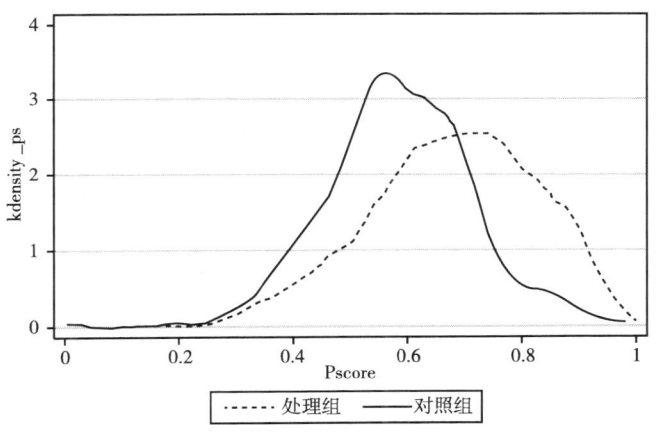

图5-1 匹配前的倾向得分密度

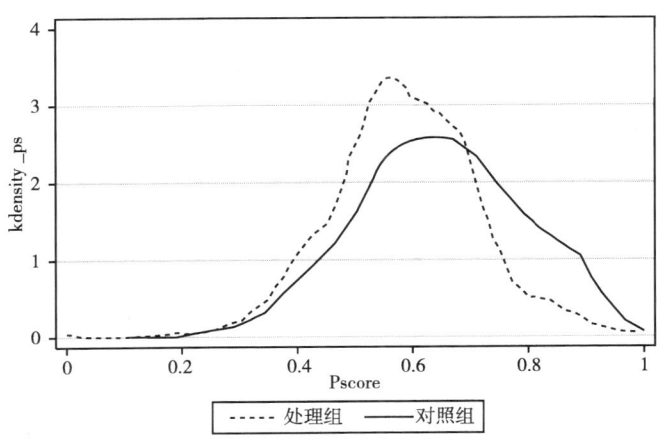

图5-2 匹配后的倾向得分密度

二、基准回归结果

为了与 PSM – DID 回归的结果进行对比，笔者还同时进行了 OLS 回归与 DID 回归，结果见表 5 – 5 中的第 1、2 列。从 OLS 回归结果可以看出，"两控区"政策能显著促进 GTFP 提升，但 OLS 回归未考虑不可观测因素的影响，因而，估计结果有偏。采用 DID 方法进行的回归结果显示，"两控区"政策对 GTFP 具有抑制作用，但并不显著，该回归未能解决选择性偏误的问题，因而，估计结果仍然不准确。虽然 PSM – DID 估计也没有考虑随时间变化的不可观测变量，但相比 OLS 和 DID 估计而言要更准确（Huang et al.，2017）。本章的基准回归以及后文的稳健性检验、机制检验均采用流行的核匹配方法来进行匹配；同时，为保证结果的稳健，在基准回归中还采用半径匹配法来进行匹配。PSM – DID 回归结果见表 5 – 5 的第 3、4 列，分别显示采用核匹配法和半径匹配法匹配后进行 DID 的结果。显然，两种匹配方法得到的结论基本相同，这证实了本章基准回归的稳健性。

从使用核匹配方法进行 PSM – DID 回归的结果（表 5 – 5 第 3 列）可知，交互项 $TCZ \times Post$ 的系数显著为负，说明"两控区"政策的实施降低了城市的 GTFP 水平，即"两控区"政策显著抑制城市的绿色发展。其他控制变量方面，FDI 和产业结构对 GTFP 的影响均不显著，这说明作为经济增长重要源泉的 FDI 和产业结构在中国并未发挥应有的作用。而政府规模的系数在 10% 的显著性水平上为负，说明政府规模与 GTFP 负相关，这可能是由于随着政府规模扩大，政府对经济的过度干预会导致资源无效或低效，对生产率产生负面影响(杨子晖,2011;朱荃等,2016),进而抑制 GTFP 的提升。人力资本的系数在 1% 的水平上显著为负,这可能是由于"两控区"城市在人才引进与知识成果的转化上受限,人力资本的投资收益率低,进而抑制了 GTFP 的提升。技术水平也显著促进 GTFP 提升,这与经济学理论的预期一致。

表 5-5 "两控区"政策对城市 GTFP 的影响

解释变量	OLS (1)	DID (2)	PSM-DID (3)	PSM-DID (4)	PSM-DID (5)
Post		-0.1270 (0.0194)	-1.0375*** (0.0223)	-0.1057*** (0.0217)	-0.0874*** (0.0239)
TCZ	0.0388*** (0.0082)	0.0385 (0.030)	0.0450** (0.0222)	0.0446** (0.0219)	0.0488** (0.0216)
Post × TCZ		-0.0246 (0.0234)	-0.0591** (0.0243)	-0.0586** (0.0237)	-0.0667*** (0.0253)
政府规模	0.0001 (0.0003)	-0.0003 (0.0003)	-0.1632* (0.0831)	-0.1686** (0.0837)	0.0888 (0.1293)
人力资本	-0.0442*** (0.0046)	-0.0273*** (0.0045)	-0.0210*** (0.0055)	-0.0211*** (0.0055)	-0.0314*** (0.0071)
FDI	0.0001 (0.0002)	-0.0001 (0.0003)	0.0237 (0.0195)	0.0250 (0.0191)	0.0176 (0.0181)
技术水平	0.0235*** (0.0025)	0.0285*** (0.0028)	0.0237*** (0.0046)	0.0241*** (0.0045)	0.0363*** (0.0072)
产业结构	0.0000* (0.0001)	0.0001 (0.0001)	-0.0002 (0.0006)	-0.0002 (0.0007)	-0.0000 (0.0001)
常数项	1.0396*** (0.0145)	1.0500*** (0.0208)	1.0549*** (0.0233)	1.0556*** (0.0229)	-1.0214*** (0.0301)
R^2	0.0236	0.0696	0.0548	0.0560	0.0408
N 值	5073	5073	4701	4701	3201

注:*、**、*** 分别表示 10%、5%、1% 的显著性水平。括号中为聚类稳健标准误。

三、稳健性检验

1. 时间安慰剂检验

"两控区"政策由国务院于 1998 年正式提出,笔者可以构造虚假的政策实施时间来进行时间安慰剂检验。本章借鉴盛丹等(2017)的做法,分别假设 1999 年、2000 年和 2001 年为"两控区"政策实施年份,并相应调整虚拟变量 $Post$ 的取值。如果基于这三个虚构的政策实施年份进行回归时,交互项 $Post \times TCZ$ 的系数不显著,说明抑制 GTFP 提升的确实是"两控区"政策,而非其他政策。根据表 5-6 的回归结果,无论虚构的政策实施年份是 1999 年、2000 年还是 2001 年,其对应的交互项系数均不显著,证实了本章基准回归结果的稳健性。

表 5-6 时间安慰剂检验:"两控区"政策推迟 1—3 年实施

变量	1999 年为政策实施年份	2000 年为政策实施年份	2001 年为政策实施年份
$Post \times TCZ$	-0.018 (0.015)	-0.022 (0.015)	-0.021 (0.015)
控制变量	Yes	Yes	Yes
R^2	0.05	0.05	0.05
N 值	5077	5030	5063

注:此处仅关注交叉项的系数及显著性,因此,在 Stata 软件中直接运行 diff 命令得到简化结果。括号中为聚类稳健标准误。

2. 地区安慰剂检验

与时间安慰剂检验的思路类似,笔者可以构造虚假的"两控区"政策实施城市,来进行地区安慰剂检验,并相应调整虚拟变量 TCZ 的取值。如果基于虚假的"两控区"城市进行回归时,交互项 $Post \times TCZ$ 的系数不显著,则可证实基准回归结果的稳健性。由于在本章选定的样本中,属于处理组的城市共有 134 个,因此,笔者将随机选定的处理组城市也设定为 134 个,然后,利用 Stata 中生成随机数的命令得到 200 组不同的城市组合,分别将其设定为处理组,其他未被选择的城市作为控制组,根据式(5-1)进行 PSM - DID 估计可得到 200 次回归的交互项系数与概率(其概率密度图如图 5-3 所示)。

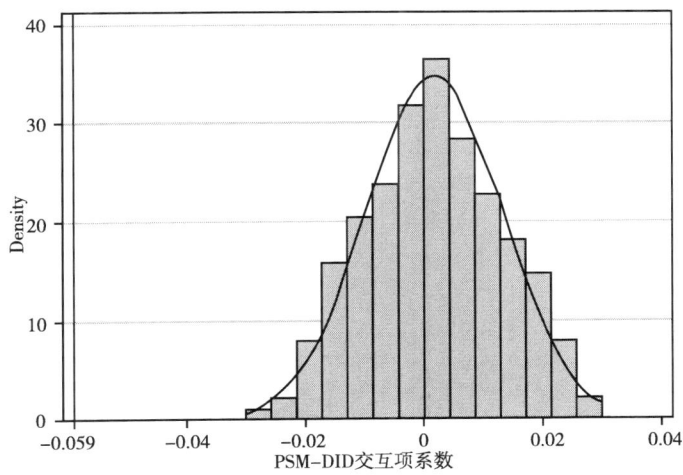

图 5-3 地区安慰剂检验中 200 次回归的交互项系数的概率密度

根据随机数据产生过程所产生的处理组和控制组所进行的 200 次回归的交互项系数的均值为 0.0018,接近于 0,而本章的真实基准回归系数为 -0.059,其值落在标准正态分布图的尾端。因此，以地区改变为基础的安慰剂检验结果表明，在虚假的处理组情况下，"两控区"政策并没有显著影响 GTFP，进一步证实了基准回归的稳健性。

3. 调整样本期

在基准回归中，笔者选定的样本期为 1990—2014 年，而 2007 年爆发的国际金融危机严重地冲击了中国经济，为消除样本期内爆发的外生金融危机引起的估计偏误，将样本期调整为 1990—2006 年，然后重新进行 PSM – DID 估计（结果见表 5 – 5 的第 5 列）。可以看出，在 10% 的显著性水平上，"两控区"政策仍对 GTFP 具有显著的抑制作用，与基准回归结论一致。

四、异质性检验

"两控区"政策对 GTFP 的影响很可能与城市的个体特征有关，如地理位置和城市等级。为保持实证结果的一致性，笔者仍采用 PSM – DID 的方法对此进行异质性检验。在进行 PSM 的基础上，考虑将样本城市划分为东、中、西部城市，引入区域虚拟变量 $Area$，它在不同的回归方程中取值不同：属于东部城市时，取值为 1，其余城市取值为 0；属于中部城市时，取值为 1，其余城市取值为 0；属于西部城市时，取值为 1，其余城市取值为 0。地理位置的异质性检验方程为：

$$GTFP_{it} = \beta_0 + \beta_1 TCZ_{it} + \beta_2 Post_{it} + \beta_3 TCZ_{it} \times Post_{it} \times Area_{it} + \beta_4 X_{it} + \varepsilon_{it}$$

$$(5-2)$$

回归结果见表 5-7 中的第 1—3 列,结果表明"两控区"政策虽然对东部和中部城市的 GTFP 有抑制作用,但并不显著,对西部城市却有显著抑制作用。其原因在于,东部城市的市场化水平本身较高,良好的区位优势和发展环境吸引了大量外资流入,这有助于提高经济发展水平(沈能等,2012),却也大幅度地增加了能源消耗和环境污染,从而使得东部城市绿色生产率水平整体没有出现显著变化。对中部城市而言,"两控区"政策也导致了 GTFP 水平的下降,但影响不显著。其可能的原因是中部城市自然资源禀赋较为丰富,在经济发展过程中放松能源开采条件,同时,政府部门对高能耗、高排放的企业采取较为宽松的措施(杨艳琳等,2010),从而导致中部城市在发展经济的同时,能源消耗总量不断上升。此外,中部城市由于劳动力丰富低廉、能源禀赋充足及国家产业政策等,承接了大部分以劳动密集型与资源密集型为主的产业(范海洲等,2015),从而造成中部城市在实现经济增长的同时,环境污染规模也在不断上升(豆建民等,2014)。整体来看,由于传统经济增长与资源环境约束的效应相抵消,使得"两控区"政策并未显著影响东部、中部城市的 GTFP。相较于东部、中部城市而言,"两控区"政策对西部城市 GTFP 的抑制更明显,这可能是由于西部的企业本身创新能力较弱,当遭遇环境规制时,企业提高的成本无法来弥补创新收益,其生产活动受到阻碍(吴明琴等,2016),从而降低其生产率水平。此外,西部城市在能源聚集性的产业上具有较大优势,因而,政府的投资领域主要集中于能源和资源行业,造成其对能源、资源开发的依赖度很高(李国平等,2011)。因此,"两控区"政策使得西部地区的经济受到重创，而绿色效应又不足以弥补经济增长的损失，造成西部城市的 GTFP 出现较大程度的下降。

此外，由于经济特区享有更优越的中央、地方政策，特区城市更容易形成产业集聚，产业集聚的规模效应能促使社会经济更快发展，但也更容易带来严重的环境污染（吴明琴等，2016）。为了验证"两控区"政策对 GTFP 的影响是否具有城市等级异质性，笔者引入城市等级虚拟变量 CL，它在不同的回归方程中取值不同：属于经济特区城市时，取值为 1，其余城市取值为 0；属于非经济特区城市时，取值为 1，其余城市取值为 0。城市等级异质性检验的方程为：

$$GTFP_{it} = \beta_0 + \beta_1 TCZ_{it} + \beta_2 Post_{it} + \beta_3 TCZ_{it} \times Post_{it} \times CL_{it} + \beta_4 X_{it} + \varepsilon_{it}$$

$$(5-3)$$

从表 5-7 中的第 4、5 列可以看出，"两控区"政策对于经济特区城市和非经济特区城市 GTFP 水平具有显著的异质性影响，对前者具有显著促进作用，而对于后者却起显著的抑制作用。一种可能的解释是，经济特区享有更优越的政治属性，相比于非经济特区而言，经济特区的经济发展程度、工业生产活力更强，它本身并不依靠牺牲环境来发展经济。因此，"两控区"政策的实施一方面不会显著影响其能源消耗和污染水平，从而不会抑制其生产率水平，另一方面还可能促使其依靠绿色技术革新来提升 GTFP，实现绿色发展。而对非经济特区城市而言，本身并不具备经济发展的优越条件，其经济发展可能会以能源消耗和环境污染为代价，"两控区"政策的实施可能迫使其降低能耗、减少污染物的排放，在这个过程中，企业的生产率可能会受到负面影响，进而抑制其 GTFP 水平。

表 5-7 "两控区"政策对东中西部城市 GTFP 的影响

变量	地理位置异质性检验			城市等级异质性检验	
	（1）	（2）	（3）	（4）	（5）
Post	-0.1215*** (0.0169)	-0.1213*** (0.0170)	-0.1220*** (0.0165)	-0.1238*** (0.0222)	-0.1032** (0.0222)
TCZ	0.0103 (0.0107)	0.0097 (0.0113)	0.0087 (0.0101)	0.0049 (0.0095)	0.0459** (0.0219)
东部城市	-0.0177 (0.0136)				
中部城市		-0.0161 (0.0114)			
西部城市			-0.0271*** (0.0073)		
经济特区				0.1035** (0.0489)	
非经济特区					-0.0337* (0.0199)
常数项	1.0674*** (0.0208)	1.0693*** (0.0199)	1.0696*** (0.0198)	1.0708*** (0.0198)	1.0546*** (0.0231)
控制变量	Yes	Yes	Yes	Yes	Yes
R^2	0.0527	0.0527	0.0528	0.0527	0.0550
N 值	4701	4701	4701	4701	4701

注：表中东部城市、中部城市与西部城市分别表示这三个不同的区域虚拟变量与 $TCZ \times Post$ 的交叉项；经济特区与非经济特区分别表示这两种城市等级虚拟变量与 $TCZ \times Post$ 的交叉项。*、**、*** 分别表示 10%、5%、1% 的显著性水平。括号中为聚类稳健标准误。

第五节 机制解释

从上述实证分析的结论来看,"两控区"政策不仅没有促进中国城市的绿色发展,反而起显著抑制作用,其背后的深层次原因值得探讨。前文从理论上阐释了"两控区"政策影响 GTFP 的机制,这部分将对此进行实证检验。基本的思路是分别将基准回归中的五个控制变量和影响 GTFP 测算的能源消耗和环境污染指标作为被解释变量,依次根据式(5-1)进行 PSM-DID 回归,以此识别"两控区"政策对这些变量的影响方向和显著性,然后,结合基准回归结果即可验证其理论机制是否存在。

表 5-8　"两控区"政策影响 GTFP 的机制检验

变量	政府规模	人力资本	FDI	技术水平	产业结构	能源消耗	环境污染
	(1)	(2)	(3)	(4)	(5)	(6)	(7)
$Post \times TCZ$	-0.094** (0.045)	0.146* (0.076)	-0.165* (0.088)	0.202* (0.144)	0.121 (0.105)	0.151*** (0.058)	-0.007 (0.066)
控制变量	Yes	Yes	Yes	Yes	Yes	Yes	Yes
R^2	0.11	0.20	0.02	0.17	0.01	0.13	0.01
N 值	5046	4889	4634	4641	5046	5012	5046

注：能源消耗和环境污染分别为表 5-1 中的能源投入和非期望产出。此处仅关注交叉项的系数及显著性,因此,在 stata 软件中直接运行 diff 命令得到简化结果。*、**、*** 分别表示 10%、5%、1% 的显著性水平。括号中为聚类稳健标准误。

根据表 5-8 的第 1、3 列,"两控区"政策显著地降低了城市的政府规模和 FDI 水平,这可能是由于"两控区"政策的实施促使政府耗费资源进行环境治理，从而挤占了其他财政支出；严格的环境标准也迫使外企迁出，减少了 FDI。基准回归结果（表 5-5 中的第 3 列）显示，政府规模显著抑制了 GTFP 的提升，因此，"两控区"政策通过缩小政府规模来提高企业效率，进而提升了 GTFP。而基准回归结果显示，FDI 未显著提升 GTFP，因此，"两控区"政策并未通过溢出效应来提升 GTFP。

表 5-8 的第 2、4 列表明，"两控区"政策显著提升区内城市的人力资本水平和技术水平，而基准回归显示人力资本水平降低了 GTFP，技术水平提升了 GTFP，这说明"两控区"政策促使企业进行技术创新，进而促进 GTFP 提升，而人力资本上在转化为产出的路径上受限，投资收益率低，使得 GTFP 不增反减。在产业结构方面，"两控区"政策对其并未产生显著影响，这可能是因为"两控区"政策对产业结构的正负效应相互抵消。

根据 GTFP 的测算公式，能源投入增加和环境污染加剧均会降低 GTFP 水平，但根据表 5-8 中的第 6、7 列，"两控区"政策不但没有显著降低"两控区"城市的能源消耗，反而增加了能源的投入，这可能是由于企业主要依靠末端治理来应对环境规制（汪利平等，2010），例如，通过安装除硫设备达到减少二氧化硫排放的目的，而为维持经济的高速发展，其他各项生产活动仍正常进行，因此，"两控区"政策使得能源消耗不减反增。同时，笔者发现"两控区"政策也未显著抑制污染物的排放，其原因可能是"两控区"政策主要针对酸雨和二氧化硫，而本章限于城市二氧化硫数据的可获得性，而使用依据工业"三废"排放量计算的综合指标来度量污染物排放，因此，"两控区"政策的实施对于环境污染的影响可能并不明显。

第六节 小　结

"两控区"政策已实施近20年,在此期间,中国城市的经济发展与环境状况有了一定程度的改善,同时,也存在诸多问题,准确评价"两控区"政策的效果成为各界关注的重点问题。那么,"两控区"政策作为一项重大的环境规制政策,究竟能否推动中国城市的绿色发展呢?本章尝试对此进行准确评估。具体来说,笔者采用非径向、非角度的SBM方向性距离函数测算了中国218个城市1990—2014年的GTFP指数,并以此衡量绿色发展水平。在此基础上,首先将1998年实施的"两控区"政策作为一次准自然实验,用PSM-DID方法科学地评估"两控区"政策对GTFP提升的影响,并进行一系列稳健性检验,以保证结果的准确性;然后,通过异质性检验识别"两控区"政策对具有不同地理位置和城市等级的城市GTFP的影响是否具有异质性。最后,对"两控区"政策影响GTFP的理论机制进行实证检验。

通过对上述问题的深入分析,本章得到的结论包括:(1)"两控区"政策的实施显著抑制了中国城市的GTFP,即"两控区"政策并没有对中国城市的绿色发展产生积极影响,这显然与该政策实施的初衷相悖。(2)"两控区"政策对GTFP的影响具有地理位置和城市等级异质性。对东部和中部城市而言,"两控区"政策会抑制GTFP提升,但这种影响并不显著,而对西部城市来说,"两控区"政策显著降低其GTFP水平。此外,"两控区"政策在经济特区和非经济特区的实施效果也不一样,即"两控区"政策显著促进经济特区的绿色发展,但阻碍了非经济特区的绿色发展。(3)"两控区"政策导致地方政府的环境治理支出挤占财政支出,降低了政府对经济的干预,促进技术水平提高,进而提升 GTFP。但同时,"两控区"政策会迫使企业加大对研发人员的需求,提升人力资本水平,而人力资本在转化为产出的路径上受限,使得 GTFP 不增反减。(4)"两控区"政策并未显著降低中国城市的能源消耗与污染排放,这可能是"两控区"政策未能促进中国城市绿色发展的主要原因。

上述结论为中国城市的绿色发展提供了一些新的思路:(1)构建环境规制的宏观政策利好环境和微观政策支撑制度,通过地区优质软环境的构建,充分发挥政策驱动效应。一方面,可以在宏观政策层面对"两控区"政策进行明确立法,加大政策实施力度,建立更为严厉的惩罚机制;另一方面,政府可对企业的环保设备进行补贴,通过政策优惠诱导企业向高效率、高收益发展模式转型。(2)各城市要继续提高地区技术水平,改善地区政府环境规制的边界失效,加强人才市场的结构调整,实现出口贸易增长模式的转型,深化产业结构调整。(3)鼓励行政级别较低、要素资源优势不明显的城市向发展较好的经济特区学习,实现城市发展模式的转型,切实贯彻创新、协调、绿色、开放、共享的发展理念。

第六章
中国环境政策存在的问题与政策建议

当前,生态环境保护已经成为各个国家持续发展过程中一个不可忽视的问题。面对严重的环境污染,不同国家都开始将环境保护作为国家发展的重要目标,通过制定各项政策来缓解环境压力,提高人们的环保意识,改善环境质量。

自改革开放以来,中国经济一直处于高速增长中,由此带来的环境污染问题更是不容忽视。"先污染,后治理"的经济发展模式导致自然资源和自然环境遭受过度的开发和破坏,给中国的生态环境带来了严重的危害,因此,环境保护政策的制定和出台更加刻不容缓。在治理环境污染方面,中国现行的环境政策包括排污收费制、排污权交易政策、"两型社会"综合配套改革试验区以及"两控区"政策等,前几章分别对这四项政策的经济效应进行了测度,鉴于排污收费制已经废止,本章将主要从其余三项政策入手来阐述中国现行的环境政策存在的问题和不足之处,并提出相应的政策建议。

第一节 排污权交易制度存在的问题及政策建议

一、排污权交易制度存在的问题

1. 排污权交易的地区发展不平衡

由于东部、中部和西部地区在经济发展水平和管理制度上存在较为显著的差异，排污权交易制度的实施效果在这三个区域也呈现出参差不齐的现象。首先，从排污权交易的规模来看，东部和中部的试点省份数量多于西部地区，而且，东部、中部地区排污权交易的活跃水平和成交量也遥遥领先于西部地区。其次，从政府的干预程度来看，东部和中部地区的政府部门发布的政策文件数量明显多于西部地区，这反映了西部地区的政府对于排污权交易政策的关注度较小。最后，从市场层级的设计来看，中部和东部地区已基本建成一级市场和二级市场相结合的多层次市场交易层次，但西部地区的排污权二级市场交易尚处于不活跃甚至停滞的状态，主要方式仍是初次转让。因此，即使排污权交易的试点政策已经实施了较长时间，总体来说，各地区都或多或少地取得了一定的进展，但东部、中部地区的排污权交易政策对于改善环境质量的效果比较显著，而西部地区的排污权交易政策的积极作用并没有完全体现出来。而且，东部、中部和西部地区排污权交易发展的巨大不平衡直接导致中国的排污权交易难以形成集中模式，限制了排污权交易的跨区域流动，这在一定程度上阻碍了排污权交易政策在中国的进一步发展。

2. 政府的角色定位不准

一方面，在排污权的交易过程中存在着政府失灵的现象，政府监管不力是政府失灵最直接的表现。排污权交易政策自实施以来，在各地区都取得了一定的进展，但从反馈情况来看，也存在着诸多有待解决的问题，如重复收费、缺乏依据、定义模糊等问题层出不穷，这其中最主要的原因就在于政府部门的相关责任没有得到充分落实，政府的监管不严格诱发了这一系列问题的产生。由于很多地区的政府工作人员出于自身晋升的考量，一味追求政绩，盲目扩大经济发展，而对于污染严重的企业的污染物超标排放问题睁一只眼闭一只眼，长此以往，排污权交易就会逐渐变成一种形式主义，没有实质意义，脱离市场化机制的运行，企业间也无法实现公平竞争。此外，地方保护主义的盛行也是政府失灵的一个重要表现，为了达到政策要求，地方政府可能会投机取巧，比如，在特定时间开展排污权交易等措施，这些行为都在一定程度上阻碍了排污权交易的市场化运行效果。此外，政府忽视公众的参与也是政府失灵的一个重要表现，当公众被排斥在决策过程之外时，政府也就失去了监督者，更容易作出错误的决策。

另一方面，在排污权的交易过程中也可能会出现政府过度干预的现象。政府使用其特有的权力过度干预，在一定程度上会影响政策是否能达到预期效果。中国的环境政策一般采用从上到下的推行方式，主要依靠的是行政强制力，无论是战略规划、制定政策、实践推行，还是监督评价，都由上级主管部门一手包办，其潜在的缺陷是各地的政府部门只是依章办事，而没有依据实际情况因地制宜地推行。此外，政府控制交易价格也是对排污权交易过度控制的表现形式之一，因为这种情况下容易出现"寻租"现象，导致很多企业不积极去降低污染水平，转而去做公关工作，积极与政府搞好关系，以便在购买污染指标时得到价格或是数量上的好处。如此一来，市场机制的作用就难以有效发挥。此外，在排污权的交易过程中，政府出于维护自身利益的考虑，可能会筛选企业，即将排污指标出售给政府认为合适的企业，但由于政府的认识和判断会存在一定的偏差，这会对政策的运行结果产生不利影响。在政府的过度干预下，排污权交易制度具有的制度优势将大打折扣，甚至失去意义。

3. 排污权交易的市场化机制不健全

首先，中国的排污权交易市场不活跃，尤其是二级市场交易。虽然排污权交易制度在中国的引入时间已经不短了，但由于政府部门的宣传和普及工作不到位，尚有很多企业不了解这项制度。此外，在交易初期，买卖双方往往不是依据自身的意愿进行公平买卖的。虽然很多地方都依据政策要求建立了排污权交易和管理中心，但却没有完善的价格建立机制，排污权的价格由政府自行决定，这就可能出现政府定价不合理的现象。在排污权定价不合理的情况下，企业无法从价格中准确估计运行费用和相应的治理成本，在二级市场上交易的积极性会大大降低。此时，排污权的有偿使用和交易对于企业来说，只不过是增加了生产经营成本，对于企业的减排意识起不到多大作用。

其次，尚未构建完善的全国范围内的市场化机制。虽然中国先后审批了十几个省、市作为试点区，但排污权交易政策在全国范围内的推行依然任重而道远。在全国范围内的排污权交易市场化机制未建立好之前，地区之间的排污权流动交易会受到阻碍，各省、市之间难以开展真正有效的排污权交易。另外，还会出现环境区域和行政辖区相矛盾的现象，导致排污权的交易不顺畅。随着环境资源稀缺性的逐渐显现，市场上企业"惜售"的现象会越来越普遍，排污权交易市场上只有买方而没有卖方的现象已经屡见不鲜。通过政府的行政手段来盘活排污权资源的收效甚微，其根本原因在于排污权的市场化机制尚不完善，无法整合各个地区的资源，实现资源的调配。

4. 相关政策法规不完备

虽然，国家近年来相继出台了《关于进一步推进排污权有偿使用和交易试点工作的指导意见》《中华人民共和国环境保护法》《中华人民共和国大气污染防治法》等政策法规，这些政策法规都提到了关于排污权交易制度的某些方面，但实际上在国家层面上并没有专门针对排污权交易制度的立法，也没有明确和细化的法律条款，排污权交易从审批到交易，也没有统一而明确的标准，这极大地阻碍了在全国范围内建立排污权交易制度的推进。尤其是排污权初始分配的法律关系的缺失，导致分配主体及其权利配置不明确、接受主体规定模糊等问题——涌现，都给排污权交易的顺利开展造成了阻碍。

此外，现实中关于排污权交易的具体实施制度主要是在地方的环境保护条例或是污染防治条例中有所提及，但并没有地方性的法规对此进行系统性的规定，同样，关于调整排污权交易的地方政府规章也屈指可数，有的只是一些规范性文件，这些文件通常层级低且效力有限，缺乏国家级的法律依据来支撑。排污权交易的立法效力的低下给其大范围有序开展带来了一定的困难。

5. 排污总量的精确控制存在难度

排污总量监测核算对于排污权交易市场的形成有着重要的意义，目前来看，要想做到系统、科学、精确地测算污染物排放总量还比较困难。对于某些地区来说，规模较小的小企业数量众多，无法做到全部安装在线监测系统和刷卡排污系统，而常规检测报告的核定准确度又存在问题。即便是安装了刷卡设施的大企业，由于实践过程中缺少相应的计量认证和法律规定，系统只能发挥事前控制跟踪功能，对排污总量的监测存在一定的难度。排污权的总量控制是交易的前提，这需要先进的技术支持和资金投入，从中国目前的情况来看，要做到精确控制总量还有很长的一段路要走。

二、美国的排污权交易制度对中国的启示

排污权交易制度源于美国，此后，德国、英国、澳大利亚、日本、智利等国家相继进行排污权交易的实践，排污权交易已成为当前受到各国关注的环境经济政策之一。美国的排污权交易制度有很多成功的经验值得中国借鉴。

1. 制定规范的法律保障

美国对于大气污染法律制度的探索从 20 世纪 50 年代就开始了，排污权作为一种具有强制性的私人契约，只有法律能保证它的强制执行。1990 年，美国出台了《清洁空气法》，增加了"酸雨计划"的相关内容，对法律责任制度进行了严格的规定，为"酸雨计划"的成功实施提供了有力的法律保障，同时，使得排污权的初始分配有法可依，操作规范更加细致。可以说，没有规范的法律保障，美国的排污权交易制度就难以顺利实施。

2. 逐渐扩大接受主体的范围

美国实行的"酸雨计划"，其基本原则是将高排污者和低排污者的准入时间有效地划分开来，即根据大气污染的程度来逐渐扩大接受主体的范围。具体来说，在第一阶段，只接受高污染者，而到了第二阶段，再把那些相对较低的污染者纳入其中，以此鼓励越来越多的排污单位都参与进来。中国目前在接受主体方面的规定存在着混乱和模糊等一系列问题，必须借鉴国外的先进经验，在全国范围内对接受主题的范围作出详细规定，这也是推行初始分配制度的必要的一个环节。

3. 严格实施总量控制制度

美国、日本、智利等国家都明确指出，当缺乏总量控制制度时，排污权的初始分配就失去了前提和意义。因此，要加强对污染源的监测和监管，特别是要对其进行连续排放检测，用精确的数据和数字说话,这不仅依赖于先进的检测仪器和设备,还取决于检测方法的科学性和有效性。精确的总量控制能为有关部门掌握环境总容量并分配排污份额和制定减排目标提供科学的依据。

4. 差异化的排污权管理体系

在美国的排污权交易实践中,其中一个重要的经验是并非对所有的环境问题只设计一套管理体系,而是把环境问题分成几种类型,针对不同的类型设计不同的管理体系。具体来说,美国有两套二氧化硫管理体系,分别用来解决区域性的酸雨问题和局部地区的二氧化硫污染问题。针对前者,专门设计酸雨计划下的二氧化硫许可交易体系,以控制电厂排放的二氧化硫,也就是主要的酸雨先导物质。针对后者,专门设计、实施了各具特色的地方二氧化硫交易体系。虽然同为二氧化硫污染,但由于污染源对象不同,环境问题的性质也存在较大差异,从而设计的交易体系在管理、交易规则上也各不相同,根据各自的特点合理设计,能达到政策效果的最大化。特别是对于中国来说,各地区的经济、环境条件差异巨大,如果在排污权交易的过程中,只采用完全一样的环境管理体系,那必然会出现"水土不服"的现象,结果也一定是收效甚微,难以达到预期的目标和效果。因此,有必要因地制宜地实行差异化管理,发挥每项政策的最优效果。

5. 规范化的市场运行机制

在成熟的市场经济体制中,排污权交易制度可以有效克服环境的外部不经济问题，良好的市场氛围、公正和公开的市场交易规则以及真实的市场交易信息是确保排污权交易市场健康、平稳运行的基础。要建立公开的市场，通过增加排污权交易者的数量使市场运行达到更高的效率，同时，还须增加交易的透明度，公开计划或交易开展的实际情况，力求交易双方都能充分、及时地掌握相关信息。交易政策的经济效应依赖于交易市场的良好运行，同时，也离不开政府的有效监督，但政府不能过分干预市场，政府和市场之间应发挥不同的职能作用。政府首先应充当管理者，为提高市场效率服务，例如，登记相关交易情况，制定排污总量，监督执行，发放初始污染的配额等。此外，政府也可以充当普通市场参与者，去购买或者出让排污权，在整个交易过程中，政府不应享有任何特权，必须和普通的市场参与者遵守相同的规则和制度。当然，相较于政府的监督管理职能，交易职能对于政府来说并不是主要部分，也不应占据主要份额，排污权交易的主体还应该是普通的市场交易者。

6. 企业和公众的参与

美国的排污权交易制度非常注重激励企业和公众参与的积极性，使他们纳入整个交易体系中来。在具体的设计过程中，通过改变企业的权利和职责以达到激发企业主动选择低成本的减排措施，同时，降低整个体系对于管理者所要求的管理成本。而对于公众参与，主要体现在赋予公众相对自由的买卖排污权的权利，使其获得在市场中表达环境需求的机会，同时，还赋予公众更大的监督权，以确保制度的实施更加透明、有效。把企业和公众更多地包含进来,是中国在完善排污权交易制度中需要改进的一个重要部分。

三、排污权交易制度的改进建议

1. 构建全国范围的排污权交易体系

现阶段,中国的排污权交易市场体系还很不健全,使得各种交易费用居高不下。针对这种情况,有关政府部门要在排污权交易的信息公开上下功夫,在整个交易过程尽量做到公开、透明,利用大数据、互联网等现代工具,及时把握排污情况及交易情况,同时,把监控系统和监督机制纳入其中,为参与者提供更多的信息服务,以降低交易费用和搜寻成本。

政府在制定交易规则的过程中,要做到广泛听取各方意见,充分尊重各地区的规范文件,既要做到采用统一标准、统一规划来进行排污权交易的总体控制,也要根据不同地区的差异化市场环境采取因地制宜的政策及措施。还可以考虑着手建立跨区域性的交易平台,让企业拥有更多的机会参与进来。

建立排污权市场交易体系尤其要注重排污权二级市场的监督和运行。目前,中国的探索还主要围绕在一级市场中,稳定的、自发交易的二级市场尚未形成。二级市场要充分发挥市场机制的作用,鼓励企业自发参与,交易价格根据供求关系自发形成,减少政府干预,发挥监管作用,确保其稳定运行的前提条件,对于基本制度要作出明确的界定,各地区根据自己的实际情况灵活地探索和安排排污二级市场的运作模式。

2. 完善排污权交易的政策和法律法规

在排污权交易政策的推广运行中，首先，必须从法律上确认排污权，这是该政策顺利开展的不可或缺的前提条件。对于环保部门来说，当务之急是尽快从法律上进行排污权交易的统一指导和规范推进，从法律上实现排污权制度的法制化，提高交易行为的权威性和合法性，把总量控制、排污权分配与管理、排污权的交易回购与抵押贷款等全都纳入国家层面的排污权交易制度及实施运作框架中，建立完整、系统的排污权交易法律体系。

完善政策制度，需要做到每一步的层层推进、综合考量。从确定污染物的排放总量，到确定污染权发放总量，再到总量控制的实施细节方面，都要进行相关政策的科学、合理的制定，使各个环节的工作都做到有法可依、有章可循，完善各地排污权交易相关法规，发挥规范制度的引导作用。

无论是排污权交易的一级市场还是二级市场，都需要构建相应的法律制度。一级市场中，涉及初始分配权的行使，"无偿分配，免费蛋糕"的模式容易滋生投机、寻租以及腐败等一系列行为，使得市场沦为利益分配的场所。而在二级交易市场上，构建法律制度主要集中在对于交易主体的限制和保护方面。对需求方的不合理的限制理应解除，对购买者的相关身份也要进行识别，确保是合法的排污者，用有效的法律制度确保整个制度构建符合初衷，所有交易主体的合法权益得到保障。

3. 明确政府的权力和角色定位

明确界定政府的权力，即把政府必须做的和可以交给市场做的进行区分，以便更好地发挥排污权交易制度的经济协调功能。政府在排污权交易中行使的权力分为担责部分和边界放权部分。担责部分主要包括提高应用技术、完善政策制度、制定交易规则和建立监管机制等，在这些方面，政府要牢记职责，做好本职工作，以便排污权交易的前期工作能够顺利进行。边界放权部分包括公开交易信息，促进公众参与，引入环境合同，实现资源利用最大化和增强环保的宣传力度，提高公众的环境保护意识。在这些方面，政府要适当放权，让市场和公众更多地参与进来。清晰地界定政府的权力边界，才能有效减少政府在排污权交易中出现滥用职权、过度干预、监管不力等现象。

在排污权交易中，政府应该明确其自身的角色定位包括这几个部分：首先，政府是排污权交易总体战略的规划者，这是实现排污权交易均衡发展的前提，政府对于区域环境容量的规划以及排污权的初始分配的总体布局要科学、合理。其次，政府是排污权交易具体制度的制定者，这是政府在推进排污权交易发展进程中的主要行为方式和最基本的职能。再次，政府是排污权交易实践进程的推进者，政府在排污权交易实践的初期，组织各排污单位进行交易，做好交易中及交易后的监督保障工作。最后，政府是排污权交易实行结果的监管者，引导公民积极参与排污权监管，促进市场的健康发展和稳定运行。

在中国目前排污权市场建立的初期阶段，政府职能应主要集中在公共服务、宏观调控和监督管理上，主要起管理协调的功能。第一，政府要建立新的监管体系，不能简单地按行政区划分割管理，必须建立以交易市场为单位的环境管理机构。第二，政府要通过对排放检测和对富裕排放权的审核来实现监督管理，及时制止异常流动的排污权状况。第三，政府要建立排污权交易市场的调节基金，以市场参与者的身份进行交易，以市场的微调实现国家宏观调控的目的。

4. 重视排污权的初始分配和二级市场的制度设计

排污权的初始分配问题是排污权交易实施过程中所要注意的核心问题。虽然，免费的初始分配方式更易操作、管理和接受，但为了兼顾效率和公平、提升企业参与的积极性，中国应实现无偿的初始分配方式向有偿的初始分配方式化的转变。在制定初始价格时，不能只考虑单项指标，要尽可能考虑多项因素，通过加权形成综合指标。此外，对于排污权交易来说，二级市场才是主要的场所，完善的二级市场才能保障排污权交易进行过程的有序高效。在建立二级市场的市场规则时，要明确法律责任，设立标准化的合约，并制定针对环境目标的交易规则。在二级市场的建立过程中，还要注意合理定位交易平台。排污储备中心和交易平台的职能应当完全分离，交易平台要及时发布相关信息、公告以及法律法规等。

第二节 "两型社会"试验区政策的问题与对策

一、"两型社会"试验区政策存在的问题

1. 金融支持产业结构优化的力度不足

目前,很多"两型社会"的试点地区都存在着产业结构发展不够合理的问题,主要表现在三个方面:首先,制造业发展的后劲不足。随着国外先进制造技术的大量引进,很多城市的传统制造业的优势面临重大冲击,发展后劲明显不足。其次,高耗能行业的比重过高。在"两型社会"试点区内,很多城市都存在着九大高能耗行业在经济总量中的占比过高的现象。最后,战略性新兴产业亟须发展。目前,在很多试点城市,战略性新兴产业的规模偏小,在经济总量中的比重过低,同时,其发展也存在缺乏资金支持和创新能力不强等一系列问题,尚未形成以企业为主体的技术开发和创新体系,没有做到紧密结合产、学、研,企业产品创新积极性得不到提高。

产业结构的优化需要强有力的金融支持,但目前在"两型社会"的建设过程中,金融支持也存在一些问题:第一,金融支持的供需不平衡且总量不足,对产业结构的优化形成了制约。第二,间接融资比重大,直接融资发展缓慢。现阶段,银行信贷仍然是产业结构升级的主要资金来源,融资格局并没有较大改变。资本市场虽

然在逐步健全，但融资规模还有待扩大，保险市场占比的规模小，有待完善。第三，金融对改善生态环境的支持还有待改善。各试点地区的非正规金融发展比较缓慢，各种信托公司、财务公司、小型贷款公司、投资担保公司不仅发展较缓慢，而且处于比较混乱的格局，管理风险大。另外，信用、法律环境的建设也存在诸多不足之处，企业的诚信意识以及公众的金融风险意识比较欠缺。

2. "两型社会"发展缓慢

在"两型社会"建设的推进阶段，很多发展理念和体制机制等深层次问题没有得到解决，导致"两型社会"建设的战略规划不够完整。在省与市之间，规划没有完全统一，市与州之间的规划也往往不完全相容，无论是进行衔接还是协调，都存在一定的难度。试点省份对于"两型社会"建设的重点往往是立足全局的，而各州、市又主要考虑自身的发展需要和现实利益，这使得步调难以完全一致。基础设施方面也是如此，各州、市由于发展方向和发展重点不同，对于基础设施的进度要求各有差异，跨地区建设的共建、共享协调难度较大。由此造成一些试点地区产业的"两型"特色不明显，资源节约型、环境友好型产业发展较为缓慢，产业对于自然环境和资源的依赖性并没有明显减少，产业优化升级慢且产业附加值低，这成为"两型社会"建设亟须解决的问题。

3. 试验区的制度体制建设不完善

"两型社会"建设试验区作为国家构建文明生态圈的主要着

力点,其重要性不言而喻,但在建设过程中试验区的制度体制建设存在不够完善的问题。目前,部分城市还未建立起配套的政策和法规,试验区建设的软环境还有待提升。同时,行政审批制度仍较为烦琐,纷繁复杂的审批程序在一定程度上影响了试验区的建设效率,导致试验区的建设动力不足,遏制了"两型社会"的发展势头。此外,还缺乏系统的"两型认证"配套激励政策体系,致使全面推广"两型认证"制度受阻。

4. 试验区内城市"两型社会"建设不平衡

武汉城市圈是最早经国务院批准的"两型社会"试验区,整体而言,武汉城市圈的"两型社会"建设取得了显著的成就,城市的生态文明与资源节约建设有了突出进展。但是,该试验区内各城市的"两型社会"建设的不平衡性也日益彰显。武汉市由于其自身的经济发展水平和综合管理水平较高,各项环境政策的执行力度较大,因而"两型社会"的综合建设较快。但是,周边的一些城市如潜江、仙桃等,由于对新政策的承受力较差,"两型社会"建设迟缓,政策效果欠佳。因此,武汉城市圈内"两型社会"建设进程出现较为明显的分化现象,武汉周边部分城市的政策执行力还有待提高。长株潭"两型社会"试验区也存在类似的问题。

5. 环境治理任务艰巨

自"两型社会"试验区开展试点以来,人们的生产方式和生活方式都有了明显的改善,但资源节约水平仍然不高,没有达到理想的水平。主要表现为土地的集约利用程度仍处于较低水平,土地闲置，低效、粗放的利用方式在很多地方一直没有得到改变，耕地后备资源严重不足且逐年减少。另一个表现是单位 GDP 能耗下降率偏低。由于很多试点地区的传统工业仍然保持较大的比重，产业停留在初级水平，过度依赖于不可再生资源，产业的生产模式和工艺处于落后水平，导致资源利用率和生产效率较为低下，单位 GDP 能耗居高不下，没有较大改善，给资源利用带来较大压力。

在环境污染方面，虽然一些地区的情况得到了控制和治理，但总体来看，环境问题仍然较为严重，突出表现在和人们的生活息息相关的空气和水资源方面。首先，空气质量整体不高。空气中 PM_{10}、SO_2、$PM_{2.5}$、CO 等化学物含量越来越多，空气质量平均达标天数没有明显的变化。其次，水资源保护力度不够。水生态文明建设尚处于起步阶段，没有形成成熟的系统思想和全局观念，定位不清晰，存在内容重复、目标雷同和创新不够等现象，而且在这方面的投入比例也偏低。

二、深化"两型社会"试验区建设的政策建议

1. 健全生态保护制度

"两型社会"试验区政策在中国的试点时间并不长，无论是具体改革道路还是相关政策都还处于摸索阶段，因此，为了更快速地推进生态文明建设工程，相关法律法规的完善和制定必不可少。要制定与修改有助于生态文明建设、保护生态环境的法律法规，并且强化监督与检查，确保其贯彻落实。通过法治建设明确社会各方对生态环境保护的职责、权利和义务，自觉运用生态环

境保护法律法规维护生态环境。同时，要通过建立和实施严格的责任追究制度，激发和强化各级领导干部、环保执法人员生态文明建设的责任意识。

2. 积极推进"两型认证"

首先，要建立起一整套多部门的联动机制。地区政府应高度重视试验区的建设工作，可以考虑将"两型认证"试点纳入政府年度工作要点，并在政府工作报告中重点部署。同时，还应出台和完善"两型标准"实施与认证实施方案，明确试点工作的任务目标、组织领导和相关部门的责任分工，进一步建立和完善多部门联动推进"两型认证"的工作机制。

其次，要建立"两型标准"培训制度。地区政府要积极组织、举办"两型标准"实施与认证专题培训，对"两型标准"进行系统解读，并从操作层面对"两型标准"认证的规则、程序、申请材料要求、评分方法、现场审核准备等进行仔细讲解，深化各部门对"两型标准"的认识与理解，稳步推进"两型认证"工作的开展。

再次，应建立"两型认证"的公众参与机制。各地区的"两型"办公室、相关部门和各试点单位应借助多种渠道推进"两型标准"的认证工作，比如，通过集中宣传培训、专题片播放、微信公众号宣传、展示栏宣传、现场观摩活动、两型志愿者宣讲等多种形式，全方位宣传"两型标准"认证，推介"两型认证"典型，让公众知晓和积极参与到"两型标准"的实施与认证中来。

最后，要积极推广"两型标准"认证的绩效考核机制。试点地区政府应根据试验区的发展状况，有选择地采纳"两型标准"认证的绩效考核机制，督促各单位进一步强化责任，有序开展"两型标准"认证工作，加快"两型社会"试验区的制度与体系建设。

3. 在全社会大力宣传生态环境保护意识

政府工作报告中指出："要在全社会大力倡导节约、环保、文明的生产方式和消费模式，让节约资源、保护环境成为每个企业、村庄、单位和每个社会成员的自觉行动，努力建设资源节约型和环境友好型社会。"试点地区的政府应通过各种形式的生态环境保护宣传，让保护环境的意识和观念深入人心，加强生态文化教育，让人们自觉地履行环保义务，承担保护环境的责任并最终具体为外化的社会行为。对企业而言，应减少污染排放，积极研发清洁的生产技术，节约资源，适度开发。对个人而言，则应从自身做起，节约资源，爱护环境，营造良好的社会氛围。

4. 建立完备的生态经济政策

生态文明建设需要全社会都参与其中，政府可以采取各种经济和行政手段，激励企业和民众都积极投身于环境保护和生态文明建设的大队伍。各级政府要发挥领头作用，可以将生态文明建设作为政府人员绩效考核指标，建立健全的监督机制，保障政府机关完全落实环境保护政策的实施。对于企业和民众，政府可以出台相应的激励政策，鼓励民众节约资源或者使用可再生能源，减少资源消耗，同时，可以对环保行业给予大力支持，制定优惠的税收政策。

5. 高度重视科技创新

科技进步是经济发展的根本动力，国内外先进国家或地区都十分重视科技在"两型社会"发展中的作用，往往通过鼓励研发和应用拥有知识产权的高新环保、节能技术，设立严格的技术标准来提高能源使用效率，并降低废弃物排放。科技创新同样是中国当前的重要发展战略，试点地区政府要积极推动科技创新。一方面，要在各大企业积极推广节能清洁技术，促进企业的绿色可持续发展，同时，激励企业积极研发环保节能型创新技术，进一步促进地区绿色发展。另一方面，要通过加大科学研究和技术推广方面的支持力度，加强产学研结合，以产业促进创新，大力引进各类科技人才，组织科研力量，大力支持省内外高校、科研院所等创办创新型企业，将高校的优秀人力资源及时转化为创新成果，进一步转化为创新劳动力。

第三节 "两控区"政策存在的问题与对策

一、"两控区"政策存在的问题

1. 间接导致区域外的污染源增加

"两控区"政策作为一项严格的环境规制政策，自1998年出台以来，对中国生态环境的保护起到了重要的推进作用。但客观而言，该政策在实施过程中也引发了一些新问题。国家出台"两控区"政策的主要目的是对中国的酸雨及二氧化硫的排放量进行控制，进一步优化生态环境。但由于"两控区"政策并不是一项全国普遍推行的政策，而是一项区域控制政策，涵盖的城市和地区有限，因而，在一定程度上会导致空气污染治理成效的地区差异。具体而言，"两控区"城市面临着更严格的环境约束，减排的压力和动力都会增加，其污染情况很可能得到改善。但是，对于非"两控区"城市而言，情况则大不相同。一个间接的结果是"两控区"被迫接受部分来自非"两控区"城市污染源的转移，导致其二氧化硫等污染物的排放量超额增长。换言之，类似于"两控区"政策的区域减排政策在总量减排上的作用有限，其在区域内与区域外的发展存在一定的不平衡性，导致区域外污染源增加，地区环境质量差异增大。

2. 政策的制定和执行脱节

制定与出台"两控区"政策的任务是由中央政府承担的，各级地方政府则主要负责该政策的实施与推进，因而，该政策在制定和执行过程中有可能会出现分歧和脱节的现象。一方面，中央政府在制定"两控区"政策的各项指标时，考虑的是全国整体情况，无法充分考虑各城市或地区的差异性，因此，政策的针对性相对较差。另一方面，各地方政府的环境治理能力也存在一定的差异性，治理能力强的地方政府一般更容易达到政策规定的目标，而那些财政收入不足且环境治理能力较差的政府，很可能会以放缓经济增长为代价来完成严格的减排目标。此外，在"两控区"

政策的实施过程中还存在这样一种矛盾：一方面，为了调动地方政府治理大气污染的主动性，中央政府会在一定程度上放权，使地方政府更有效地开展环境治理工作；但另一方面，为了保证"两控区"政策的有序推进，中央政府又可能会加强对地方政府的环保督察，对地方政府的治理工作进行监督与指导，上述矛盾的存在会使地方政府开展环保工作的难度增大。

3. 缺乏配套制度的支撑

"两控区"政策的实施离不开各项配套制度的支撑，但目前支撑该政策有效实施的配套制度远远不够。首先，中央政府缺乏一套有效地针对各级地方政府的环保督察制度，地方政府对中央政府的减排反馈机制也不够完备。其次，将地方政府减排的效果纳入在内的长期考核机制同样欠缺。再次，针对"两控区"的环境分权管理制度也未出台。最后，地方政府开展工作的各项制度（如激励制度）的完备程度也在一定程度上影响了"两控区"政策的实施，而一些地方政府的工作制度还存在缺陷与不足。总体来说，上述配套制度的缺失使得"两控区"政策有序推行的难度增大，实施的效果也大打折扣。

4. 政策的长期规划性不足

"两控区"政策的出台与20世纪90年代中国"高投入、高消耗、低产出"的粗放型经济发展模式息息相关。降低能耗与污染以及实现中国经济的绿色发展是长远之计，因此，相应的环境保护与规划政策也应具有一定的长期规划性，目标的制定也应有长远眼光。但是,"两控区"政策的长期规划性还存在一定的不足。随着经济的发展,中国的污染控制技术和经济支持能力也不断提升,因而,治理环境污染的能力也随之不断提高,但"两控区"政策并未充分考虑这一因素,只是定下了诸如"酸雨控制区降水 pH≤4.5 地区的面积明显减少"这种较空泛的目标,缺乏具体性,不利于对该政策的长期统筹与分阶段、分目标的可持续实施。

5. 政策的执行效果未达到预期

如上文所述,中国各级地方政府的经济实力及污染治理能力都存在一定的差异,这使得"两控区"政策的执行效果差异较大。同时,虽然政府已将环境纳入衡量经济增长的体系,也越来越多地考虑绿色发展的问题。但不少研究都表明,"两控区"这一环境政策对城市绿色发展的推动作用并不显著,中国的绿色全要素生产率也并未明显提高,这从侧面反映出中国的"两控区"政策并未完全达到预期。可能的原因包括中央政府的监管与督察不严,地方政府官员滥用权责、弄虚作假等,这也在一定程度上反映出严格的环保督察制度在环境政策推行中的重要性,需要引起足够的重视。

二、针对"两控区"政策的建议

1. 加强"两控区"城市环境的动态监管

长期以来,中国大气污染防治的主要任务是对污染源的浓度进行合理控制，但由于中国经济发展存在一定的阶段性，环境保护与治理的目标也要因时而变，只对污染源的浓度进行控制的局限性较高。因此，基于对污染源的浓度把控，政府也应对污染物的排放总量进行合理控制。为此，必须强化对"两控区"城市环境的监管，及时了解和掌握二氧化硫污染和酸雨控制的实时动态。具体来说，可以采用目前蓬勃发展的人工智能技术，进一步完善数据监测体系，建立起完备的二氧化硫和酸雨的监测网络，对其进行长期监测与动态管理。

2. 增进中央政府和地方政府的协同性

首先，要进一步简政放权，提高地方政府治理污染的积极性。由于地方政府是"两控区"政策的主要执行者，为充分调动其工作的积极性与主动性，中央政府理应扩大地方政府环境保护与治理方面的权限，使地方政府深刻认识到自身所担负的重任。同时，中央政府也可以划拨一部分环境治理专项款给各级地方政府，为其开展环境保护专项工作提供坚实的物质基础。

其次，要加强中央政府对地方政府的环保督察。为确保"两控区"政策在各级地方政府的有效推行，应加强中央政府对地方政府的环保督察，对环境政策的执行情况展开更加全面、严格的督察。除了完善数据监测体系外，还要建立起排查、交办、核查、约谈、专项督察"五步法"监管机制，进一步明确地方政府在环境质量改善上的责任主体地位。另外，还可以对地方政府实施启动量化问责工作。具体来说，可以对大气环境质量改善目标完成情况进行排名，排名靠后且改善目标的比例较低的城市要实行问责,用这种严格的环保督察制度保障各类环境保护与治理工作的有序开展。

最后,应建立一套完备的双向反馈机制。在环境政策的制定与执行上,一方面,需要中央政府向地方政府传达相应的指令并对其进行监督,另一方面,也需要地方政府贯彻执行中央政府出台的政策,并将实施过程中出现的问题和进展及时向中央政府反馈。二者之间的联系非常紧密,因而,制定一套完备且高效的双向反馈机制非常重要。在这套双向反馈机制的作用下,中央和地方政府的交流将更加顺畅,环境政策的执行也会更加高效,这也将减少政策实施过程中的偏误,使环境政策尽可能地达到预期效果。

3. 建设完备的配套制度

良好的制度环境有利于"两控区"政策的推行与实施,也有利于充分发挥环境政策的导向作用。如果政府建立起了更为灵活的环境分权管理制度,那么,各层级、各部门之间的权责将更加明晰,"两控区"政策的执行也会更加得力。此外,还应建立起面向地方政府的环境保护长效考核机制,将考核的标准不断细化,为地方政府带来一定压力的同时,也为其提供具体可行的努力方向。同时,也应进一步明确惩戒机制,确保"两控区"政策被认真执行,并建立一套完备的地方官员奖惩制度,将所辖区域内的绿色增长与官员的绩效直接挂钩,减少政府官员片面追求经济增长而忽视环境保护的行为。

4. 搭建跨区域的经验分享平台

环境政策一般由中央政府统一制定，地方政府负责执行。但是，由于地区发展存在客观差异，环境政策的推行和实施效果也可能会存在一定的差异。为有效推进"两控区"政策，政府可以考虑搭建一个跨区域的经验分享平台，鼓励跨区域分享学习，主张政策推行较好的地区带动较差的地区，充分发挥"两控区"政策执行较好地区的模范引领作用，推动其他城市环保工作的稳健开展以及各项环境保护政策的有序推进与执行。此外，各地区还可以积极展开区域环境保护与治理合作，发挥城市群的辐射与协同作用，进而提升"两控区"政策的推行效率与执行效果。

参 考 文 献

一、外文文献

[1] AIYAR S S, FEYRER J. A contribution to the empirics of total factor productivity [Z]. Dartmouth College working paper no. 02 – 09, 2002.

[2] ALBERTO A, ALEXIS D, JENS H. Synthetic control methods for comparative case studies: Estimating the effect of California's tobacco control program [J]. American statistical association, 2010, 105 (490): 493 – 505.

[3] ALBERTO A, JAVIER G. The economic costs of conflict: A case study of the Basque Country [J]. American economic review, 2003, 93 (1): 113 – 132.

[4] ALMOND D, CHEN Y, GREENSTONE M. Winter heating or clean air? Unintended impacts of China's Huai River policy [J]. American economic review, 2009, 99 (2): 184 – 190.

[5] BAKHSH K, ROSE S, ALI M F. Economic growth, CO_2 emissions, renewable waste and FDI relation in Pakistan: New evidences from 3SLS [J]. Journal of environmental management, 2017, 196: 627 – 632.

[6] BEATA S J. Does foreign direct investment increase the productivity of domestic firms? In search of spillovers through backward linkages [J]. American economic review, 2004, 94 (3): 605-627.

[7] BRÄNNLUND R, CHUNG Y, FÄRE R. Emissions trading and profitability: The Swedish pulp and paper industry [J]. Environmental and resource economics, 1998, 12 (3): 345-356.

[8] CAI X, LU Y, WU M L. Does environmental regulation drive away inbound foreign direct investment? Evidence from a quasi-natural experiment in China [J]. Journal of development economics, 2016, 123: 73-85.

[9] CHAKRABORTY P, CHATTERJEE, C. Does environmental regulation indirectly induce upstream innovation? New evidence from India [J]. Research policy, 2017, 46 (5): 939-955.

[10] CHEN Y, WHALLEY A. Green infrastructure: The effects of urban rail transit on air quality [J]. American economic journal: economic policy, 2012, 4 (1): 58-97.

[11] CHEN Y, EBENSTEIN A, GREENSTONE M. From the cover: Evidence on the impact of sustained exposure to air pollution on life expectancy from China's Huai River policy [J]. Proceedings of the national academy of sciences of the United States of America, 2013, 110 (32): 12936-12941.

[12] CHEN S Y, GOLLEY J. Green productivity growth in China's industrial economy [J]. Energy economics, 2014, 44:

89 – 98.

[13] CHOI N. Accounting for quality differences in human capital and foreign direct investment [J]. Journal of international trade and economic development, 2015, 24 (2): 228 – 246.

[14] CHUNG Y H, FÄRE R, GROSSKOPF S. Productivity and undesirable outputs: A directional distance function approach [J]. Journal of environmental management, 1997, 51 (3): 229 – 240.

[15] CROCKER T. The structuring of air pollution control systems [M]. New York: W. W. Norton, 1966.

[16] DALES J H. Pollution, property and price [M]. Toronto: University of Toronto Press, 1968.

[17] ESKELAND G S, HARRISON A E. Moving to greener pastures? Multinationals and the pollution haven hypothesis [J]. Journal of development economics, 2003, 70 (1): 1 – 23.

[18] FÄRE R, GROSSKOPF S, PASURKA C A. Tradable permits and unrealized gains from trade [J]. Energy economics, 2013, 40: 416 – 424.

[19] FEDDERKE J W, BOGETICZ. Infrastructure and growth in South Africa: direct and indirect productivity impacts of 19 infrastructure measures [J]. World development, 2009, 37 (9): 1522 – 1539.

[20] FERNANDO M A, MIRANDA J J, OLIVA P. Particulate matter and labor supply: The role of caregiving and non – linearities

[J]. Journal of environmental economics and management, 2017, 86: 295 - 309.

[21] FUKUYAMA H, WEBER W L. Output slacks - adjusted cost efficiency and value - based technical efficiency in DEA mode [J]. Journal of the operations research society of Japan, 2009 (2): 86 - 104.

[22] GEORGE A L, BENNETT A. Case studies and theory development in the social sciences [M]. Cambridge MA: MIT Press, 2005.

[23] GHANEM D, ZHANG J. Effortless perfection: Do Chinese cities manipulate air pollution data? [J]. Journal of environmental economics and Management, 2014, 68 (2): 203 - 225.

[24] HANNA R, OLIVA P. The effect of pollution on labor supply: Evidence from a natural experiment in Mexico City [J]. Journal of public economics, 2015, 122 (10): 68 - 79.

[25] HASSABALLA H. Testing for granger causality between energy use and foreign direct investment inflows in developing countries [J]. Renewable and sustainable energy reviews, 2014, 31 (2): 417 - 426.

[26] HECKMAN J J, VYTLACIL E. Policy - relevant treatment effects [J]. American economic review, 2001, 91 (2): 107 - 111.

[27] HOFFMANN R, LEE CG, RAMASAMY B, et al. FDI and pollution: A Granger causality test using panel data [J]. Journal of international development, 2005, 17 (3): 311 - 317.

[28] HSU A, EMERSON J, LEVY M, et al. The 2016 Environmental Performance Index [R]. New Haven, Yale University, 2016.

[29] HUANG B, GAO M, XU C. The impact of province – managing – county fiscal reform on primary education in China [J]. China economic review, 2017, 45: 45 – 61.

[30] IMBENS G W, LEMIEUX T. Regression discontinuity design: A guide to practice [J]. Journal of econometrics, 2008, 142 (2): 615 – 635.

[31] ITO K, ZHANG S. Willingness to pay for clean air: Evidence from air purifier markets in China [Z]. NBER Working Papers, 2016.

[32] KEELE LJ, TITIUNIK R. Geographic boundaries as regression discontinuities [J]. Political analysis, 2011, 23 (1): 127 – 155.

[33] KHENG V, SUN S, ANWAR S. Foreign direct investment and human capital in developing countries: A panel data approach [J]. Economic change andrestructuring, 2017, 50: 1 – 25.

[34] KIVYIRO P, ARMINEN H. Carbon dioxide emissions, energy consumption, economic growth, and foreign direct investment: causality analysis for Sub – Saharan Africa [J]. Energy, 2014, 74 (5): 595 – 606.

[35] LAVAINE E, NEIDELL M. Energy production and health externalities: Evidence from oil refinery strikes in France [J]. Journal of the association of environmental andresource Econo-

mists, 2013, 4 (2): 447-477.

[36] LEE D S. Randomized experiments from non-random selection in U. S. house elections [J]. Journal of econometrics, 2008, 142 (2): 675-697.

[37] LI J. The impact of air pollution on effective labor supply: empirical research from China [J]. China economic studies, 2014 (5): 67-77.

[38] LI K, LIN B. Impact of energy conservation policies on the green productivity in China's manufacturing sector: Evidence from a three-stage DEA model [J]. Applied energy, 2016, 168: 351-363.

[39] LIAN Y, ZHI S, GU Y. Evaluating the effects of equity incentives using PSM: evidence from China [J]. Frontiers of business research in China, 2011, 5 (2): 266-290.

[40] MARTORANA A, LUCIANO A, PANDOLFO MC. The effect of population health on foreign direct investment inflows to low-income and middle-income countries [J]. World development, 2006, 34 (4): 613-630.

[41] MEYER B D. Natural and quasi-experiments in economics [J]. Journal of business and economic statistics, 1995, 13 (2): 151-161.

[42] MONTGOMERY W D. Markets in licenses and efficient pollution control programs [J]. Journal of economic theory, 1972, 5 (3): 395-418.

[43] NASO P, HUANG Y, SWANSON T. The Porter hypothesis goes to China: spatial development, environmental regulation and productivity [Z]. Cies Research Paper 53, 2017.

[44] PEARCE D. The role of carbon taxes in adjusting to global warming [J]. The economic journal, 1991, 101 (407): 938 – 948.

[45] PERKIN S, NEUMAYER E. Transnational linkages and the spillover of environment – efficiency into developing countries [J]. Global environmental change, 2009, 19 (3): 375 – 383.

[46] ROSENBAUM P, RUBIN D. Constructing acontrol groupusing multivariate matched sampling methods that incorporate the propensity score [J]. The American statistician, 1985, 39 (1): 33 – 38.

[47] RUBASHKINA Y, GALEOTTI M, VERDOLINI E. Environmental regulation and competitiveness: empirical evidence on the Porter hypothesis from European manufacturing sectors [J]. Energy policy, 2015, 83 (35): 288 – 300.

[48] RUBIN D B, ROSENBAUM P. The central role of the propensity score in observational studies for causal effects [J]. Biometrika, 1983, 70 (1): 41 – 55.

[49] SMARZYNSKA B K. Spillovers of foreign direct investment through backward linkages: Does technological gap matter? [Z]. The world bank working paper, 2002.

[50] STAFFORD T M. Indoor air quality and academic performance [J]. Journal of environmental economics andmanagement, 2015, 70: 34 - 50.

[51] TANG C F, TAN B W. The impact of energy consumption, income and foreign direct investment on carbon dioxide emissions in Vietnam [J]. Energy, 2015, 79: 447 - 454.

[52] TULLOCK G. The welfare costs of tariffs, monopolies, and theft [J]. Economic inquiry, 2010, 5 (3): 224 - 232.

[53] WALDKIRCH A, GOPINATH M. Pollution control and foreign direct investment in Mexico: An industry - level analysis [J]. Environmental and resource economics, 2008, 41 (3): 289 - 313.

[54] WANG J N, YANG J T, GE C Z. Controlling sulfur dioxide in China: Will emission trading work? [J]. Environment science and policy for sustainable development, 2004, 46 (5): 28 - 39.

[55] YOUNG A. The tyranny of numbers: Confronting the statistical realities of the east Asian growth experience [J]. Quarterly journal of economics, 1995, 110 (2): 641 - 680.

[56] ZHANG Y, LI C, KROTKOV NA. Continuation of long - term global SO_2 pollution monitoring from OMI to OMPS [J]. Atmospheric measurement techniques, 2017, 10 (4): 1 - 21.

[57] ZIVIN J G, NEIDELL M. The impact of pollution on worker productivity [J]. American economic review, 2012, 102 (7):

3652-3673.

二、中文文献

[1] 安森东. 美德法生态税制建设比较与经验借鉴 [J]. 行政管理改革, 2015 (2): 65-69.

[2] 蔡乌赶, 周小亮. 中国环境规制对绿色全要素生产率的双重效应 [J]. 经济学家, 2017 (9): 27-35.

[3] 陈德湖. 基于一级密封拍卖的排污权交易博弈模型 [J]. 工业工程, 2006 (4): 49-51.

[4] 陈芳. 中部六省能源消耗强度实证分析 [J]. 特区经济, 2015 (1): 72-74.

[5] 陈黎明, 欧文. 可持续发展视角下的两型社会指标体系研究 [J]. 科技进步与对策, 2009, 26 (20): 37-40.

[6] 陈林, 伍海军. 国内双重差分法的研究现状与潜在问题 [J]. 数量经济技术经济研究, 2015 (7): 133-148.

[7] 陈诗一. 中国的绿色工业革命: 基于环境全要素生产率视角的解释 (1980—2008) [J]. 经济研究, 2010 (11): 21-34.

[8] 陈晓红, 徐戈, 冯项楠, 贾建民. 公众对于"两型社会"建设的态度—意愿—行为分析 [J]. 管理世界, 2016 (12): 90-101.

[9] 单豪杰. 中国资本存量K的再估算: 1952—2006年 [J]. 数量经济技术研究, 2008 (10): 17-31.

[10] 邓荣荣. 长株潭"两型社会"建设试点的碳减排绩效评价——基于双重差分方法的实证研究 [J]. 软科学, 2016, 30 (9): 51-55.

[11] 邓玉萍,许和连. 外商直接投资、集聚外部性与环境污染 [J]. 统计研究, 2016, 33 (9): 47-54.

[12] 豆建民,沈艳兵. 产业转移对中国中部地区的环境影响研究 [J]. 中国人口·资源与环境, 2014 (11): 96-102.

[13] 范海洲,邵春燕. 我国中部地区承接产业转移的特征与趋势 [J]. 南通大学学报, 2015 (1): 9-15.

[14] 冯志军,陈伟,杨朝均. 环境规制差异、创新驱动与中国经济绿色增长 [J]. 技术经济, 2017, 36 (8): 61-69.

[15] 傅京燕,司秀梅,曹翔. 排污权交易机制对绿色发展的影响 [J]. 中国人口·资源与环境, 2018. (8): 12-21.

[16] 韩楠,于维洋. 中国产业结构对环境污染影响的计量分析 [J]. 统计与决策, 2015 (20): 133-136.

[17] 何为,郭树龙,刘昌义. 官员政绩考核对环境治理影响的统计检验 [J]. 统计与决策, 2017 (4): 107-109.

[18] 何劭玥. 党的十八大以来中国环境政策新发展探析 [J]. 思想战线, 2017, 43 (01): 93-100.

[19] 洪翠宝. 美国环保政策的剖析向"优化型"演变的美国环保政策 [J]. 中国环境管理, 1985 (10): 39-42.

[20] 胡鞍钢,周绍杰. 绿色发展:功能界定、机制分析与发展战略 [J]. 中国人口·资源与环境, 2014, 24 (1): 14-20.

[21] 靳亚阁,常蕊. 环境规制与工业全要素生产率——基于280个地级市的动态面板数据实证研究 [J]. 经济问题, 2016 (11): 18-23.

[22] 柯善咨,向娟. 1996—2009年中国城市固定资本存量估算

[J]. 统计研究, 2014 (8): 28-40.

[23] 李斌, 彭星、欧阳铭珂. 环境规制、绿色全要素生产率与中国工业发展方式转变——基于36个工业行业数据的实证研究 [J]. 中国工业经济, 2013 (4): 56-68.

[24] 李国平, 彭思奇, 曾先峰. 中国西部大开发战略经济效应评价——基于经济增长质量的视角 [J]. 当代经济科学, 2011 (4): 1-10.

[25] 李洪心, 付伯颖. 对环境税的一般均衡分析与应用模式探讨 [J]. 中国人口·资源与环境, 2004, 14 (3): 21-24.

[26] 李君嘉. 试论水污染物总量控制和排污许可证制度 [J]. 环保科技, 1989 (4): 14-18.

[27] 李树, 陈刚. 环境管制与生产率增长——以APPCL2000的修订为例 [J]. 经济研究, 2013 (1): 17-31.

[28] 李涛, 石磊, 马中. 环境税开征背景下我国污水排污费政策分析与评估 [J]. 中央财经大学学报, 2016 (9): 20-28.

[29] 李婉红. 排污费制度驱动绿色技术创新的空间计量检验——以29个省域制造业为例 [J]. 科研管理, 2015, 36 (6): 1-9.

[30] 李卫兵, 李翠. "两型社会"综改区能促进绿色发展吗? [J]. 财经研究, 2018, 44 (10): 24-37.

[31] 李卫兵, 涂蕾. 中国城市绿色全要素生产率的空间差异与收敛性分析 [J]. 城市问题, 2017 (9): 55-63.

[32] 李小胜, 安庆贤. 环境管制成本与环境全要素生产率研究 [J]. 世界经济, 2012, 35 (12): 23-40.

[33] 李新平, 申益美. 基于熵值法的"两型社会"经济建设评价体系的构建 [J]. 统计与决策, 2011 (13): 84-87.

[34] 刘秉镰, 吕程. 自贸区对地区经济影响的差异性分析——基于合成控制法的比较研究 [J]. 经贸论坛, 2018 (3): 51-66.

[35] 刘凤良, 吕志华. 经济增长框架下的最优环境税及其配套政策研究——基于中国数据的模拟运算 [J]. 管理世界, 2009 (6): 40-51.

[36] 刘和旺, 左文婷. 环境规制对我国省际绿色全要素生产率的影响 [J]. 统计与决策, 2016 (9): 141-145.

[37] 刘瑞明, 赵仁杰. 西部大开发: 增长驱动还是政策陷阱——基于PSM-DID方法的研究 [J]. 中国工业经济, 2015 (6): 32-43.

[38] 刘伟, 绍荣. 产业结构与经济增长 [J]. 中国工业经济, 2002 (5): 14-21.

[39] 陆宇明, 于平福, 韦坚, 陆发安. 广西重点行业环境保护现状与对策 [J]. 农村经济与科技, 2010, 21 (11): 97-100.

[40] 茅于轼. 美国政府的环境保护政策 [J] 美国研究. 1990 (2): 20

[41] 穆泉. 2013年1月中国大面积雾霾事件直接社会经济损失评估 [J]. 中国环境科学, 2013, 33 (11): 2087-2094.

[42] 钱争鸣, 刘晓晨. 环境管制与绿色经济效率 [J]. 统计研究, 2015, 32 (7): 12-18.

[43] 秦尊文. 加快"两型社会"建设推动武汉城市圈发展 [A]. 湖北省公路学会. 湖北省公路学会成立三十周年暨二〇〇八年学术年会论文集 [C]. 湖北省公路学会：湖北省科学技术协会, 2008：10.

[44] 邵宜航, 刘仕保、张朝阳. 创新差异下的金融发展模式与经济增长：理论与实证 [J]. 管理世界, 2015 (11)：29-39.

[45] 沈能, 刘凤朝. 高强度的环境规制真能促进技术创新吗？——基于"波特假说"的再检验 [J]. 中国软科学, 2012 (4)：49-59.

[46] 沈能. 环境规制对区域技术创新影响的门槛效应 [J]. 中国人口·资源与环境, 2012, 142 (6)：12-16.

[47] 盛丹, 张慧玲. 环境管制与我国的出口产品质量升级——基于两控区政策的考察 [J]. 财贸经济, 2017, 38 (8)：80-97.

[48] 史丹. 中国工业绿色发展的理论与实践——兼论十九大深化绿色发展的政策选择 [J]. 当代财经, 2018, 398 (1)：3-11.

[49] 司言武. 环境税经济效应分析——一个理论框架 [J]. 税务研究, 2007 (11)：54-58.

[50] 宋晓玲, 孔垂铭. 中国碳交易市场对地区经济结构影响的实证分析 [J]. 宏观经济研究, 2018 (9)：98-108.

[51] 孙睿, 况丹, 常冬勤. 碳交易的"能源-经济-环境"影响及碳价合理区间测算 [J]. 中国人口·资源与环境,

2014,24(7):82-90.

[52] 唐明,明海蓉.最优税率视域下环境保护税以税治污功效分析——基于环境保护税开征实践的测算[J].财贸研究,2018,29(8):83-93.

[53] 唐未兵,傅元海,王展祥.技术创新、技术引进与经济增长方式转变[J].经济研究,2014(7):31-43.

[54] 涂正革,谌仁俊.排污权交易机制在中国能否实现波特效应?[J].经济研究,2015(7):160-173.

[55] 涂正革,傅立权.SO_2排污权交易在中国的理论红利核算[J].中国地质大学学报(社会科学版),2016(3):52-62.

[56] 万伦来,朱泳丽,万小雨.排污费、环保补助与中国工业两阶段环境效率——来自中国30个省份的经验数据[J].生态经济,2016,32(8):47-52.

[57] 汪利平,于秀玲.清洁生产和末端治理的发展[J].中国人口·资源与环境,2010,20(S1):428-431.

[58] 王兵,吴延瑞,颜鹏飞.中国区域环境效率与环境全要素生产率增长[J].经济研究,2010,45(5):95-109.

[59] 王红梅.中国环境规制政策工具的比较与选择[J].中国人口·资源与环境,2016,26(9):132-138.

[60] 王红艳,田永,桂雄.开征环境保护税对企业排污权交易和财税管理的影响[J].经济师,2018(9):40-42.

[61] 王杰,刘斌.环境规制与企业全要素生产率——基于中国工业企业数据的经验分析[J].中国工业经济,2014(3):

44-56.

[62] 王俊杰. 中国省级生态压力与生态效率综合评价——基于生态足迹方法 [J]. 当代财经, 2016, 381 (8): 3-15.

[63] 王萌. 我国排污费制度的局限性及其改革 [J]. 税务研究, 2009 (7): 28-31.

[64] 王睿. 污染物排污权交易现状及相关问题的探讨 [J]. 价值工程, 2018 (4): 64-65.

[65] 王贤彬, 聂海峰. 行政区划调整与经济增长 [J]. 管理世界, 2010 (4): 42-53.

[66] 王小军. 论排污权交易制度在我国的实施 [J]. 宁波大学学报, 2005 (5): 27-31.

[67] 王馨康, 任胜钢, 李晓磊. 不同类型环境政策对我国区域碳排放的差异化影响研究 [J]. 大连理工大学学报 (社会科学版), 2018 (2): 55-64.

[68] 魏圣香, 王慧. 美国排污权交易机制的得失及其镜鉴 [J]. 中国地质大学学报 (社会科学版), 2013 (6): 34-39.

[69] 吴明琴, 周诗敏, 陈家昌. 环境规制与经济增长可以双赢吗——基于我国"两控区"的实证研究 [J]. 当代经济科学, 2016, 38 (6): 44-54.

[70] 吴明琴, 周诗敏. 环境规制与污染治理绩效——基于我国"两控区"的实证研究 [J]. 现代经济探讨, 2017 (9): 7-15.

[71] 向弘剑. 浅论排污有偿交易 [J]. 环境科学, 1993 (3): 23-24.

[72] 熊艳. 环境规制对经济增长的影响 [D]. 东北财经大学, 2012.

[73] 徐彦坤, 祁毓. 环境规制对企业生产率影响再评估及机制检验 [J]. 财贸经济, 2017, 38 (6): 147-160.

[74] 闫文娟, 郭树龙. 中国二氧化硫排污权交易会减弱污染排放强度吗?——基于双倍差分法的经验研究 [J]. 上海经济研究, 2012 (6): 76-83.

[75] 杨艳琳, 许淑嫱. 中国中部地区资源环境约束与产业转型研究 [J]. 学习与探索, 2010 (3): 154-157.

[76] 杨子晖. 政府规模、政府支出增长与经济增长关系的非线性研究 [J]. 数量经济技术经济研究, 2011 (6): 77-92.

[77] 易传和, 顾紫涵. 对长沙市两型社会建设的成果检验——从经济发展与环境质量关系角度 [J]. 金融经济, 2018 (4): 23-27.

[78] 易传和, 彭梨. 两型社会背景下长株潭城市群经济发展与环境质量关系研究 [J]. 金融经济, 2018 (6): 27-31.

[79] 殷宝庆. 环境规制与我国制造业绿色全要素生产率——基于国际垂直专业化视角的实证 [J]. 中国人口·资源与环境, 2012, 22 (12): 62-68.

[80] 游达明, 马北玲, 胡小清. 两型社会建设水平评价指标体系研究——基于中部地区两型社会建设的实证分析 [J]. 科技进步与对策, 2012, 29 (8): 107-111.

[81] 于杰, 周伟铎, 蒋金星. 排污权交易: 理论引进与本土化实践 [J]. 中国地质大学学报 (社会科学版), 2014

(6)：96-104.

[82] 余耀军. 排污权交易的经济分析 [J]. 财贸研究，2004 (1)：107-111.

[83] 余泳泽，刘冉，杨晓章. 我国产业结构升级对全要素生产率的影响研究 [J]. 产经评论，2016 (4)：45-58.

[84] 袁向华. 排污费与排污税的比较研究 [J]. 中国人口·资源与环境，2012，22 (S1)：40-43.

[85] 原毅军，谢荣辉. FDI、环境规制与中国工业绿色全要素生产率增长——基于 Luenberger 指数的实证研究 [J]. 国际贸易问题，2015 (8)：84-93.

[86] 张连辉，赵凌云. 1953—2003 年间中国环境保护政策的历史演变 [J]. 中国经济史研究，2007 (4)：63-72.

[87] 张成，陆旸，郭路. 环境规制强度和生产技术进步 [J]. 经济研究，2011 (2)：113-124.

[88] 张华伦，吴睿超. 排污权交易的期权模型分析 [J]. 生态经济，2009 (4)：75-77.

[89] 张少辉，李江帆，张承平. 产业结构调控与中国区域全要素生产率增长 [J]. 管理学报，2014，11 (6)：898-905.

[90] 张怡，李菁，何雅菁. "两型社会"建设背景下武汉市低碳经济发展的建议 [J]. 新经济，2015 (35)：11-12.

[91] 郑加梅. 环境规制产业结构调整效应与作用机制分析 [J]. 财贸研究，2018 (3)：21-29.

[92] 钟茂初，李梦洁，杜威剑. 环境规制能否倒逼产业结构调整——基于中国省际面板数据的实证检验 [J]. 中国人口·

资源与环境,2015,25(8):107-115.

[93] 周黎安,陈烨.中国农村税费改革的政策效果:基于双重差分模型的估计[J].经济研究,2005(8):44-53.

[94] 周黎安.晋升博弈中政府官员的激励与合作——兼论我国地方保护主义和重复建设问题长期存在的原因[J].经济研究,2004(6):33-40.

[95] 周永文.广东环境全要素生产率及影响因素分析——基于环境生产函数的实证研究[J].暨南学报(哲学社会科学版),2016(1):96-112.

[96] 周长富,杜宇玮,彭安平.环境规制是否影响了我国FDI的区位选择?——基于成本视角的实证研究[J].世界经济研究,2016(1):110-120.

[97] 周宏春,季曦.改革开放三十年中国环境保护政策演变[J].南京大学学报(哲学.人文科学.社会科学版),2009,45(1):31-40.

[98] 足印——中国共产党成立90周年回眸:生态文明建设篇(1950.10—2011.2)[J].重庆社会科学,2011(3):6-15.

[99] 朱荃,张天华.政府规模与资源配置效率——基于异质性企业生产率的视角[J].产业经济研究,2016(3):41-50.